물리학으로 풀어보는 세계의 구조

거의 모든 것에 대한 물리학적 설명

마쓰바라 다카히코 지음 | **한진아** 옮김

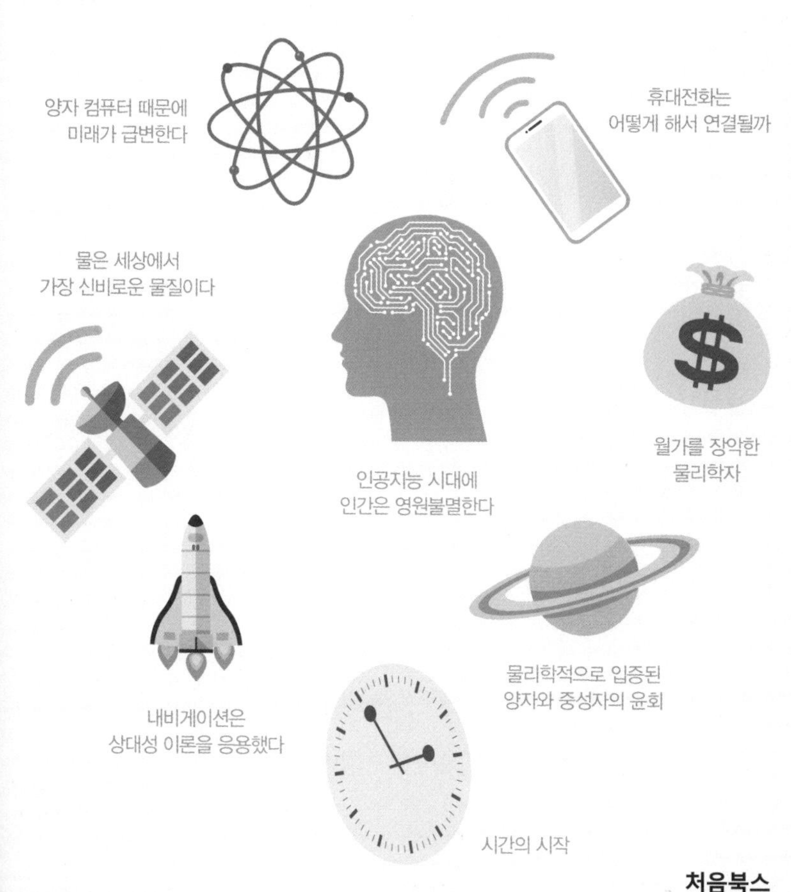

처음북스

차례

머리말

'물리학' 하면 어떤 이미지가 떠오르는가? 안타깝게도 사람들은 학창시절부터 물리학이라고 하면 이해 안 가고, 어렵고, 재미없는 학문이라고 여기면서 성인이 된 후에도 물리학을 멀리하며 살아가게 되는 것 같다.

물리학을 전공하는 입장에서 이는 참으로 안타까운 일이다. 다소 오해를 불러일으킬지도 모르지만, 물리학을 알면 눈에 보이는 풍경과 세계가 완전히 바뀌니까 말이다.

시간을 거슬러 올라가 보자. 코페르니쿠스가 지동설을 주장하고, 갈릴레오가 금성의 차고 이지러짐의 변화로 지동설을 지지하면서 사람들이 생각하는 세계는 엄청나게 변화했다.

뉴턴은 사과가 나무에서 떨어지는 모습을 보고 만유인력의 법칙을 발견했고, 이 발견 덕분에 모든 물체에는 끌어당기는 힘이 존재한다고 알게 됐다.

아인슈타인이 발견한 상대성 이론은 어떨까? 우리는 상대성 이론 덕분에 물체가 서로 끌어당기는 원인이 시공간의 왜곡이라는 사실을 알게 됐다. 시간과 공간이 항상 변하지 않고 일정한 것이 아니었다고 말이다. 그야말로 상식이 뒤집힌 순간이다.

내 전공인 우주물리학에서는 우주 전체가 어떻게 이루어져 있는지를 조사한 끝에 138억 년 전 우주 초기의 모습을 밝혀내기도 했다. 현대의 고성능 망원경을 사용하여 멀리 떨어진 우주를 보면 멀면 멀수록 빛이 도달하기까지 오랜 시간이 걸리기 때문에 그만큼 과거의 우주를 보게 된다. 빛은 일 초에 지구를 일곱 번 반이나 돌 수 있는 속도로 움직이는데, 현대의 관측 기술로는 100억 년 이상이나 떨어진 빛을 직접 볼 수 있다고 한다. 우리가 맨눈으로 보는 별 역시 실은 멀리서 오는 빛이기 때문에 100년, 혹은 1,000년 전의 별의 반짝임이다. 이렇게 생각하면 더욱더 별이 아름답게 보이지 않은가?

빛 역시 재미있는 존재다. 우리가 보고 있는 것도 결국 빛이라 할 수 있다. 우리는사물 자체를 보고 있다고 생각하지만, 실은 사물이 반사하는 빛을 보는 것이다.

물리학을 알면(어려운 계산까지는 몰라도 된다) 세상은 더 깊어지고 세세해지고 넓어지고 아름다워진다. 이런 내용을 이 책을 통해 한 명이라도 더 많은 사람에게 전할 수 있다면 저자로서 더 바랄 게 없겠다.

1장

물리학으로
세상을 보는 관점이 바뀐다

01 물리학자가 월가에서 활약하고 있다?!

비현실적인 상황을 설정하고, 왜 하는지 도통 모르겠을 계산을 한다.

많은 사람들이 물리학을 이렇게 생각한다.

그렇다면 '물리학을 사용하여 주가 동향을 예측할 수 있다'라고 하면 어떨까?

지금까지 물리학에 관심 없던 사람도 흥미를 가질지 모른다. '정말 가능할까?'라고 의심이 되겠지만, 실제로 주가 동향 예측에 물리학을 사용하여 큰 성과를 거둔 집단이 있다.

바로 1982년에 제임스 사이먼스(James Simons)가 설립한 투자회사 르네상스 테크놀로지(Renaissance Technologies, 이하 르네상스)다. 르네상스만의 독특한 특징은 금융이나 경제와 관련된 이력이 있는 사람은 절대 고용하지 않는다는 점이다. 100명 이상의 사원 대다수가 물리, 수학, 통계학 등의 박사학위를 가진 연구원이며 사이먼스 역시 유능한 수학자이자 물리학자다.

사이먼스는 매사추세츠 공과대학(MIT)에서 수학 학사와 석사과정을 수료한 후, 캘리포니아 대학 버클리 캠퍼스에서 물리학 박사과정을 밟았다. 이후 하버드, MIT에서 강의하다가 국방성의 비영리연구단체에서 암호해독 연구를 하게 됐다. 그러다 29세 때 베트남 전쟁을 반대하면서 상부와의 의견 충돌로 해고당한다. 이후 뉴욕 주립대학 스토니브룩캠퍼스의 수학과로 이동하여 수학자인 천 싱선(Chern Shiing Shen)과 함께 '천-사이먼스 이론(Chern-Simons Theroy)'이라고 부르는 위대한 이론을 만든다.

천-사이먼스 이론은 나중에 물리학 세계에서 '초끈 이론(물질을 구성하는 최소 단위인 소립자가 점이 아닌 끈의 형태라는 가설을 바탕으로 한 이론)'에 응용되어 사이먼스는 미국 수학계에서 수여하는 가장 명예로운 상인 오즈월드 베블런 기하학상을 받는다. 어쨌든 사이먼스는 우수한 수학자이자 물리학자다.

이런 사이먼스가 금융 세계에 발을 디딘 것은 30대

가 끝나갈 무렵이고, 르네상스를 설립한 것은 40대 중반이다.

르네상스가 금융과 경제 전문가를 고용하지 않는 이유는 인간의 주관이나 경험을 이용한 판단은 맞기도 하고 틀리기도 하기 때문이다. 대신 우수한 물리학자나 수학자, 통계학자를 모집하여 온갖 데이터로 예측 모델을 만들고, 모델의 개선을 반복하면서 단기간에 많은 횟수의 거래를 하며 경이적인 퍼포먼스를 유지하고 있다. 르네상스의 주력 펀드인 '메달리온(Medallion)'의 연평균 수익률은 40%가량이고(100만 엔 투자했다면 140만 엔이 되는 것), 설립한 뒤 십년간 2478%나 되는 수익을 올렸다.

물리학자와 수학자, 통계학자를 고용해서 방대한 데이터로 시장 동향을 정량적으로 분석하는 방법으로 주식 시장에서 막대한 이익을 낸 기업은 르네상스뿐만이 아니다. 고성능 컴퓨터와 고도의 수학 모델을 이용하여 투자 전략을 생각하는 방법, 혹은 그 전문가를 일컬어 '퀀트(quants)'라고 한다.

1980년대에 우주개발비 삭감으로 인해 NASA 과학자들이 로켓 개발에서 물러나 월가의 금융회사나 증권회사로 전직하면서 최첨단 물리학을 금융에 도입하게 됐다. 그 후 월가에서 많은 퀀트가 활약하게 됐고, 2000년 전후로 퀀트 운용을 주요 전략으로 하는 헤지펀드, 퀀트펀드가 떠오르기 시작했다.

그렇다고 퀀트 운용을 만능으로 생각해서는 안 된다. 2007년 8월에는 지금까지 잘 돌아가던 모델에 갑자기 문제가 생겼고, 퀀트펀드가 완전히 패배하게 되어 퀀트 위기가 발생했다. 하지만 이 퀀트 위기 속에서도 르네상스의 주력 펀드인 메달리온은 70%라는 높은 수익률을 올렸다.

참고로 사이먼스는 이미 일선에서 물러났지만 16억 달러 수익으로 2016년에 헤지펀드 매니저 보수 랭킹에서 당당히 1위를 차지했다. 과거 십 년을 보면 한 번도 10위권 밖으로 벗어난 적이 없었다.

정리

- 물리학자와 수학자를 모집하여 데이터 분석으로 도출한 모델을 이용해 투자 전략을 세우는 것을 '퀀트 운용'이라고 한다. 이를 통해 높은 수익률을 올린 투자 회사가 있다.

02 정말 물리학으로 주가 예측이 가능할까?

그렇다면 르네상스는 어떻게 물리학을 응용하여 성공했을까?

우선 말해둘 게 있다. 르네상스에서 실제로 어떻게 주가 예측을 하는지는 르네상스 관계자가 아니면 모른다는 것이다. 이직률도 매우 낮을뿐더러 퇴직한 사람 또한 절대 발설하지 않는다. 당연하지만 나도 모른다. 그야말로 베일에 싸인 상태다. 그렇기 때문에 지금부터는 '물리학을 사용하여 주가를 예측할 수 있다면'이라는 말은 나의 추론에 지나지 않는다는 점을 미리 밝혀두고 싶다.

'물리학으로 주가를 예측한다'라는 말을 들으면 먼저 '열역학'이 떠오른다. 열은 운동에너지로, 입자가 얼마나 활발하게 운동하고 있는지 정도를 나타낸다. 물에 열을 가하면 온도가 상승하고, 물 분자 하나하나의 운동은 더욱 격렬해진다. 이 '무작위로 물체가 움직인다'라는 점이 주가 동향과 비슷하다.

참고로 열이나 온도를 미세한 입자의 움직임으로 설명하게 된 것은 1990년 무렵이다. 그전까지는 원자의 존재가 밝혀지지 않았다.

1990년대 이후가 되어서야 원자가 확실히 존재한다고 알게 됐고, 입자의 움직임으로 열의 성질을 설명할 수 있게 됐다. 그전까지는 '열이란 무엇인지 알 수 없지만 따뜻한 곳에서 차가운 곳으로 흐른다' 정도로 파악됐다. 하지만 이제는 '입자 하나하나의 운동이며 미세한 운동의 결과로 열이 흐르기도 하고 열이 발생하기도 한다'라고 설명할 수 있게 되었다. 이것을 최초로 자세히 연구한 사람이 루트비히 볼츠만(Ludwig Boltzmann)이다.

공간에서 입자는 제각각 따로 움직인다. 만약 공간 안에 차가운 부분과 따뜻한 부분이 있다면 온도가 높은 곳의 입자는 움직임이 빨라지고 온도가 낮은 곳은 느려진다. 만약 온도가 모두 일정하다면, 입자는 모든 곳에서 같은 움직임을 보일 것이다.

즉, 온도가 다른 쪽이 온도가 일정한 쪽에 비해서 입자가 움직이는 '경향'이 나타난다. 달리 말하자면 무작위성이 줄어들게 된다. 온도가 다른 쪽에서 무작위성이 줄어들고 완전히 무작위 할 경우 정보는 아예 사라지게 된다.

예를 들어 보자. 뜨거운 목욕물에 차가운 물을 섞으면 미지근한 목욕물이 된다. 이렇게 한번 미지근해진 목욕물은 다시 따뜻한 물과 차가운 물로 나눌 수 없고, 애초에 물이 몇 도만큼이나 뜨거웠고 차가웠는지에 대한 정보도 찾을 수 없게 된다.

이렇게 얼마나 무작위 한지, 정보가 없는지에 대한 것을 물리학에서는 '엔트로피'라고 부른다. 엔트로피란 간단하게 말하면 '난잡함'을 나타내는 물리량이다. 엔트로피가 높을수록 무작위 하고 정보가 없다. 반대로 엔트로피가 낮을수록 정보량이 많아진다.

엔트로피라는 개념은 정보를 객관적으로 바라보게 해주는 '정보 이론(information theory)'에서도 유익하다. 정보 이론에서 엔트로피는 정보의 모호함, 예측하기 힘듦을 의미한다. 그리고 정보가 얼마나 예측하기 힘든지, 예측하기 힘듦이 어떻게 변하는지에 대한 것도 열과 마찬가지로 계산할 수 있다. 그렇다면 이런 엔트로피라는 사고법도 주가의 예측에 사용되지 않을까?

열역학에서 발전한 '통계역학'이라는 이론이 있다. 예를 들면 두 개의 입자가 있을 때 '이 입자는 어떻게 움직일까' 하는 문제는 물리 법칙을 적용하면 간단하게 풀 수 있다. 하지만 세 개가 모여 있는 순간 어려워지고, 100개, 200개쯤 되면 손을 놓게 된다.

많은 입자가 제각각 운동하는 와중에 하나하나의 미세한 움직임을 좇는 것이 아니라, 많은 입자의 평균적인 성질을 구해 전체로서 어떻게 이루어져 있는지를 밝히는 이론이 통계역학이다. 이런 통계역학의 사고법도 주가 예측에 유용하다.

주가 동향은 대부분 무작위 하다고 한다. 이런 말이 나오는 이유는 현시점에서 예측할 수 있는 모든 것을 예측하고, 세상에 돌고 있는 모든 정보가 이미 주가에 포함되어 있기 때문이다. 주가 동향이 진짜로 무작위 한 것이라면 예측은 항상 실패할 것이다. 그러므로 무작위 하지 않은 요소는 반드시 어딘가에 존재할 것이다.

르네상스에서는 엄청나게 짧은 간격으로 거래가 이루어지기 때문에 미세한 주가의 움직임 속에 있는 무언가의 정보에서 실마리를 찾을 수 있을지도 모른다. 실제로 주가는 일 초도 아닌 100분의 일 초 단위로 변화한다. 얼핏 완전히 무작위 하게 보이는 움직임 속에서 다음 움직임을 예측할 때 물리학 이론을 사용한다. 확률론이라고 한다면 확률론이지만, 미세한 하나하나의 움직임을 정확하게는 몰라도 전체로서 파악하기 위해 통계역학의 개념을 사용한다.

무작위성 속에서 법칙을 찾아내는 관점은 뒤에 7장에서 소개되는 양자역학(양자의 움직임을 다루는 이론)에도 적용된다.

대략적인 이야기이지만, 물리학을 이용하여 주가를 예측한다고 할 때 떠오르는 이미지는 이렇다. 어디까지나 추측이기 때문에 실제는 전혀 다를지도 모른다. 애초에 실제 어떻게 이용하는지 알 수 있다면 억만장자가 될지도 모른다. 어쨌든 물리학(혹은 수학, 통계학 등)을 무기로 금융 세계에서 커다란 성공을 거둔 집단이 있다는 것은 사실이다. 그리고 그들의 등장으로 금융 세계는 크게 변화했다.

정리

- 주가를 예측하는 진짜 방법은 모르긴 해도 열역학이나 엔트로피라는 개념, 통계역학, 양자역학 등을 응용하지 않을까 싶다.

03 진실이 하나라고는 할 수 없다? 양자론이 전하는 심오함

'물리학으로 물체에 대한 관점이 바뀐다'라는 말을 들으면 가장 먼저 대학에서 양자론을 공부했을 때가 떠오른다. 자연계의 심오함을 만나게 된 기억이랄까.

양자론에 대해서는 7장에서 소개할 예정이다. 한편 원자나 소립자 단위의, 우리 눈에는 보이지 않은 미시세계에서는 정말 이상한 일이 일어난다.

예를 들어 '오늘 아침에 집에서 지하철역까지 걸을 때, 어떤 길로 갈까?'라고 한다면, 답은 하나밖에 없다. 집에서 역까지 가는 방법에는 여러 선택지가 있겠지만, 실제로 가는 길은 하나뿐이다.

하지만 미시세계에서는 조금 다르다. A 지점에 있는 무척 작은 입자가 이동하여 B 지점에서 발견됐다고 해보자. 이동과정을 관측하지 못했다면(관측하고 있는지 아닌지도 중요하다) 어디를 통해 이동했는지 결코 알 수 없다.

실은 입자가 어디를 통해 이동했는지는 정해져 있지만 너무나도 작기 때문에 관측하기 힘들고, 우리가 모르는 것이 아니라 원리적으로 알 수 없는 것이다. 관측하지 않은 사이에 가능한 모든 루트를 동시에 통과하여 할 수 있는 행동을 모두 가상적으로 했다고 생각하는 쪽이 맞다. 즉, 미시세계에서의 진실은 하나가 아니다.

미래 역시 한 가지가 아니다. 어쩌면 당연하게 느껴지는 말일지도 모른다. 하지만 양자론 이전의 물리학에서는 모든 물체의 움직임은 뉴턴역학으로 완전히 예상할 수 있다고 봤다. 어떤 힘을 받으면 어떻게 움직이는지를 나타낸 것이 뉴턴 역학이다.

뉴턴 역학을 이용해 세상의 모든 물체 상태를 정확하게 안다면, 미래는 모두 예측할 수 있다고까지 생각했다. 아니, 조금 정확하게 말하면 이렇게 생각하는 쪽이 당시 물리학자들 사이에서 일반적이었다. 즉, 미래는 이미 결정되어 있다. 이 모든 것을 알고 모든 미래를 완전히 예측하는 것을 이를 주장한 사람의 이름과 연관 지어 '라플라스의 마물'이라고 한다.

나 역시 물리학 책을 읽기 시작했던 중학생 시절에는 미래는 결정되어 있고 물리학을 이용하면 미래를 예측할 수 있다는 생각에 사로잡혔다(당신은 이런 생각이 신기할지도 모르지만). 여러 현상이 발생한 이유를 명확하게 알려주는 물리학에 재미를 느끼면서도, '내 미래는 모르지만 이미 결정되어 있고, 내가 10년 후에 무엇을 할지도 결정되어 있다'라는 생각에 극심히 따분함을 느끼기도 했다.

하지만 양자론을 배우고 나서 세상은 그렇게 단순하지도, 따분하지도 않다는 사실을 알게 됐다. A 지점에서 발견된 입자가 다음에 어떤 지점에서 발견될지 완전히 예측하기란 불가능하다. 그것도 '알지 못한다', '모르겠다'가 아닌, 원리적으로 '예측 불가능하다'가 정답이다.

주사위의 눈이라면 주사위를 던질 때의 방향이나 빠르기를 정확히 파악한다면 어떤 눈이 나올지 예측이 가능하다. 참고로 한 물리학자는 이런 방법을 카지노 룰렛으로 실험해보기까지 했다.

하지만 미시세계에서는 A 지점에서 발견된 작은 입자는 그것이 할 수 있는 모든 행동을 취한다고 생각하면 된다. 따라서 B 지점에서 발견될 수도 있지만, C 지점에서 발견될 수도 있고, D 지점에서 발견될 수도 있다. 즉, 미래는 한 가지가 아닌 것이다.

미래에는 여러 가능성이 있어서 자신이 한 행동으로 인해 미래가 전혀 다른 방향으로 진행될 수 있다. 직감으로는 당연히 이렇게 생각하겠지만, 양자론을 배우면 학문적으로도 뒷받침된다는 느낌이 든다. 우주는 극히 당연한 일이 덤덤하게 일어나고 있는 것이 아니라, 더욱더 자유롭게 미래를 결정한다. 나를 이렇게 일깨워주고 나의 미래에 밝은 빛을 비춰준 것이 양자론이다.

정리

- 미시세계에서는 안 보는 사이에 일어난 일은 한 가지가 아니다.
- 미시세계에서의 미래는 결코 한 가지로 결정되지 않는다.

04 세상은 전파로 넘쳐난다 — 메시지는 어떻게 전송될까?

조금 더 우리의 생활과 친숙한 이야기를 해보자. 지금 우리 생활에 없어서는 안 될 물건이 스마트폰이나 휴대전화기가 아닐까 싶다.

전화를 걸면 멀리 떨어져 있는 상대방과 바로 대화가 가능하고, 문자를 보내면 순식간에 상대방에게 도달한다. 당연하게 사용하고 있지만 신기하다고 생각하는 사람도 있다.

스마트폰이나 휴대전화기의 개통 수는 이미 인구수를 넘어섰다. 즉, 이 나라에 사는 사람의 수보다 스마트폰이나 휴대전화기의 수가 많다. 이렇게나 많은 '전화'가 있음에도 어떻게 전화나 문자가 뒤섞이지 않고 제대로 도착하는 것일까?

전화도 문자도 '전파'를 사용하여 정보를 전달하는 시스템이다. 전파란 4장에서 설명할 빛의 무리다. 그리고 전파와 빛은 연속하는 파동이다.

파동의 성질에는 한 파동으로 진행한 거리(파곡에서 인접한 다른 파곡까지의 거리)를 나타내는 '파장'과, 1초간 몇 회 진동하는지를 의미하는 '주파수(진동수)'가 있다. 적외선보다 파장이 길고 주파수가 낮은 것을 전파라고 부른다. 그중에서도 휴대전화기나 스마트폰에 사용되는 전파는 파장이 10㎝에서 1m 정도이며, 주파수는 300㎒에서 3㎓ 정도다. 다만 모바일 기기의 세대에 따라, 통신 회사에 따라 조금씩 다르다.

휴대전화기나 스마트폰을 위해 사용되는 전파는 한정되어 있기 때문에, 한정된 전파를 얼마나 효율적으로 사용하는지는 무척 중요하다. 그래서 통신사에서는 어떻게 하면 한정된 전파 안에서 제대로 전화와 문자를 송수신할지를 가지고 끊임없이 연구하고 있다.

이때는 '주파수마다 분해할 수 있다'라는 파동의 성질을 이용한다. 주파수가 다른 전파를 겹쳐 전송해도 받는 측에서 특정 주파수에만 반응하게 하면 그 주파수의 전파만 골라낼 수 있다. 이것은 모든 파동이 갖는 공통된 성질이다. 알기 쉬운 예로 라디오가 있다. 라디오를 들을 때는 당연히 주파수를 맞춘다. 주파수가 조금이라도 엇나가면 노이즈가 발생해 전파를 제대로 수신하기 힘들다. 그래도 수신 측의 설정을 바꾸면 다른 주파수를 가진 라디오 방송국의 방송을 잡아낼 수 있다.

마찬가지로 휴대전화기나 스마트폰 사용자마다 아주 약간씩 주파수를 바꿔 혼선을 피하고 있다. 말하자면 자신만의 전파가 있는 셈이다.

단, 이 방법은 사용자가 증가하면 증가할수록 주파수를 할당하기 어려워진다. 여러 명의 사용자가 같은 주파수대를 사용하는 대신 확산부호라는 사용자 전용 코드를 정하고 데이터에 함께 실려 보내 구별하는 방법도 연구되고 있다.

그런데 벽이 있으면 빛은 반사되어 벽 내부까지 도달하지 못하지만, 전파는 건물 안까지도 도달한다. 도대체 왜 그럴까?

빛은 투명한 사물만 통과한다. 하지만 전파는 다소

약해지긴 하지만 장애물이 있어도 통과한다. 조금 더 정확하게 말하자면 종이나 나무, 유리와 같은 전기가 통하기 힘든 물체는 빠져나가고, 금속 등의 전기가 잘 통하는 물체에는 반사된다.

그렇기 때문에 전파 입장에서 보면 목조 주택은 투명하고 철근 콘크리트 건물은 반투명한 것이 된다. 한편 알루미늄 포일로 감싼 휴대전화기에 전화를 걸어보면 '전파가 도달하지 못하는 곳에 있다'라는 음성 메시지가 나오는데, 이것은 전파가 금속을 통과하지 못하기 때문이다.

또한 파동에는 '회절'이라고 하여 장애물에 부딪혔을 때 돌아가는 성질이 있다. 파장이 길면 길수록 돌아가기 쉽다. 1㎝ 파장의 전파는 1m의 물체를 돌아가기 어렵지만, 1m 파장을 가진 전파라면 휙 하고 돌아간다. 파장과 비교하여 큰지 작은지로 돌아갈 수 있는지 아닌지가 결정된다.

빛의 파장은 400㎚에서 800㎚ 정도이기 때문에, 0.001㎜보다도 짧아 대부분의 물체를 돌아갈 수 없다. 하지만 휴대전화기나 스마트폰에 사용되는 전파의 파장은 앞에서 언급한 대로 10㎝에서 1m 정도이기 때문에 어느 정도의 물체라면 돌아갈 수 있다.

그렇기 때문에 집 안에 있어도, 다양한 물체에 둘러싸여 있어도 전파는 도달한다. 만약 전파가 눈에 보이는 빛이라면 세상은 전파로 넘쳐나 '걸리적거리네'라고 여겨지게 될 것이다.

정리

- 사용자마다 주파수가 미세하게 조절되어 바뀌지 않고 제대로 도달한다.
- 전파는 벽을 통과하고, 긴 파장을 갖기 때문에 장애물도 돌아간다.

2장

물리학자의 정체

05 내가 물리학자가 된 이유

내 전공은 우주물리학이다.

'우주물리학을 연구하고 있습니다'라고 처음 만난 사람에게 말하면, 대부분은 말문이 막히는 듯이 보인다. 혹은 우주라는 말 때문인지 사람들은 우주 왕복선에 대해 묻거나, "언젠가 우주에 가게 됩니까?", "외계인은 정말 존재합니까?"라고 묻기도 한다. 우주물리학이라는 울림이 너무나도 친근함과는 거리가 멀어서 어떻게든 우주와 연상되는 것을 찾으려고 한다. 애초에 물리학자라는 존재 자체가 일반 사람에게는 외계인과 같은 미지의 존재일지도 모른다.

그렇다면 나는 왜 물리학자가 되고자 했을까? 어린 시절로 거슬러 올라가 생각하면 나는 일상에서 '왜 그렇게 될까'라는 의문이 머릿속에서 솟아나면 그것을 끝까지 파고들곤 했다.

뉴턴은 물체가 떨어지는 현상을 신기하게 생각해 '왜 그렇게 될까'라고 끊임없이 생각하여 만유인력의 법칙을 도출했다는 유명한 이야기가 있는데, 나 역시 물체가 떨어지는 현상이 신기했다.

중학생 시절, 사회 수업 중에 "물체가 밑으로 떨어지는 것은 당연하잖아? 뉴턴은 왜 그런 당연한 것에 의문을 가졌을까? 위대한 인물은 평범한 사람은 다소 이해하기 힘든 의문을 가지네"라고 했던 선생님의 말이 묘하게 기억에 남아 있다. 그때 '아, 그런 의문을 말해서는 안 되는 거구나…'라고 생각하기도 했다.

평범한 사람이라면 '당연하기 때문에 생각하지 않아도 된다'라고 할 수 있는 질문도 공학계 연구원이었던 아버지는 '왜 그렇게 될까'를 가능한 한 친절하게 설명해 주었고, 답을 알려주는 책도 사주었다. 지금도 『왜 그럴까, 왜 그런 거지?(なぜだろうなぜかしら)』 시리즈는 기억난다. '바람은 왜 불까?' '해바라기는 어떻게 태양을 바라보는 것일까?'라는, 아이가 생활 속에서 자연스럽게 품은 의문에 답을 해주는 책이었다.

또한 시골에 살았던 것도 영향이 컸다. 내 고향은 나가노현 우에다시(長野県 上田市)의 시골구석으로 집 앞이 약간 트여 있었고, 건너편에는 산이 있었다. 와 하고 큰 소리를 내면 와 하고 소리가 되돌아왔고, 짝 하고 손뼉을 치면 짝 하고 소리가 되돌아왔다. 등산하지 않아도 메아리를 체험할 수 있었을 정도로 자연에 가까이 있었다.

게다가 현실은 책보다도 복잡하다. 메아리는 소리가 되돌아오는 현상이다. 하지만 가서 되돌아올 뿐일 텐데 현실에서는 짝 하고 손뼉을 치면 짝짝 하고 두세 번 돌아온다. 어린 시절 '왜 그런 것일까' 하고 생각하다가 산은 완전히 평평한 벽과는 달리 굴곡이 있기 때문에 가서 돌아오는 현상이 쌓이는구나 하고 이해했다. 그때 '복잡하게 보이는 것도 단순한 원리로 설명할 수 있다'라고 생각했던 기억이 나는데, 그것이 바로 물리학이었다.

정리

- '왜 그런 것일까'를 생각하다 보니 복잡하게 보이는 현실도 물리학을 통해 단순한 원리로 설명할 수 있다.

06 물리학이란 결국 어떤 학문인가?

물리학이란 무엇일까? 매우 간단하게 말하자면 물리학이란, 이 세상의 구조를 밝히는 학문이다. 화학이나 생물학도 세상의 구조를 알기 위한 학문이긴 하지만 물리학은 근본적인 것을 점점 파고드는 학문이라는 점에서 조금 차이가 있다.

예를 들어 보자. 수소 분자와 산소 분자가 화학반응을 일으키면 물 분자가 생성된다. 화학에서는 '어떻게 반응할까'에 관심 있지만 물리학에서는 '왜 반응할까'에 관심을 가지고 모든 반응에서 공통된 법칙을 찾아내려고 한다.

혹은 DNA를 설명할 때, 생물학에서는 DNA가 어떻게 활동하는지를 여러 번의 실험을 거쳐 조사하지만, 물리학에서는 DNA의 움직임에 근본적인 법칙이 없는지 찾는다. 다만 DNA는 너무 복잡하기 때문에 현시점에서는 아직 법칙을 찾아내지 못했다.

이 세상은 매우 복잡하다. 복잡한 것을 복잡한 상태 그대로 이해하려고 하면 망연자실하게 된다. 물리학은 복잡한 것을 가능한 단순화하여 이해하려는 학문이다.

생물학에서는 화학 지식을 이용하여 설명하고(예를 들어 몸을 구성하는 주요 성분인 단백질이 어떤 분자 구조를 하고 있는지 등), 화학에서는 분자나 원자가 어떻게 움직이고 있는지에 대한 지식을 이용하여 현상을 설명하지만, 물리학에서는 분자나 원자가 왜 그런 움직임을 보이는지에 대한 부분까지 깊이 파고들어 간다.

근대 물리학은 갈릴레오 갈릴레이 시대부터 시작한다고 하는데, 그 시대에는 원자나 분자처럼 미세한 움직임은 아무도 몰랐다. 몰랐다기보다도 원자, 분자의 존재가 밝혀지지 않은 시기였다.

그들은 '물체의 움직임을 알고 싶다'라고 생각했다. 물체가 떨어지거나, 돌다가 멈출 때 어떤 법칙이 있는지를 밝혀내려고 했다. 이렇게 해서 정리한 것이 바로 '뉴턴의 운동 3법칙'이다.

① 외부에서 힘이 가해지지 않으면 정지해있는 물체는 그대로 정지해있고, 움직이는 물체는 같은 속도로 계속해서 운동한다는 '관성의 법칙'.

② 물체에 힘이 가해지면 힘의 방향으로 가속도가 생기고, 가속도는 더해진 힘에 비례하며 물체의 질량에 반비례한다는 '운동의 법칙'.

③ 물체에 힘을 가하면, 가한 쪽도 물체로부터 같은 힘을 받는다는 '작용·반작용의 법칙'.

당신도 기억할지도 모른다. '아, 귀찮은 계산을 했었지' 하고 학창 시절에 썩 유쾌하지 않은 기억이 스쳐 지나갈지도 모르지만, 모두 들어본 적은 있을 것이다.

이 세 가지 법칙을 사용하면 당시 알려진 물체의 움직임을 대부분 설명할 수 있었다. 움직임을 설명할 수 있게 됐다는 것은 물체의 움직임을 예측할 수 있게 됐다는 의미다. '이 정도의 힘을 가했더니 이렇게 움직였다', '이렇게 했더니, 이렇게 됐다' 등 이유를 설명할 수 있으면 다음에 '이렇게 하면 이렇게 되겠지'라고 예측할 수 있게 된다. 이것이 물리학의 목표

이자 '역학'이다.

정리

- 복잡한 것을 단순화하여 법칙을 찾는 게 물리학이다.
- 그 법칙으로 세상의 구조를 설명하고 다음에 일어날 일을 예측하게 된다.

07 세상에 작용하는 네 가지 힘

전기에는 플러스와 마이너스가 있다. 플러스와 마이너스는 서로 끌어당기고, 플러스는 플러스끼리, 마이너스는 마이너스끼리 서로 밀어낸다. 누구나 알고 있는 당연한 사실이다. 하지만 왜 플러스와 마이너스는 끌어당기고, 플러스는 플러스끼리 마이너스는 마이너스끼리 밀어낼까?

중학생 때 나는 이것을 신기하게 생각했다. '신기하네'라고 생각했지만, 선생님에게 물어봐도 '당연히 그런 거니까'라고만 할 것 같아서 일부러 질문은 하지 않았다.

물체가 밑으로 떨어지는 것을 보고 '왜?'라고 끊임없이 파고들어도 답은 나오지 않는다. 뉴턴은 물체가 아래로 떨어지는 이유는 물체와 지구 사이에 만유인력이 작용했기 때문이라고 설명했다(지구와 물체가 서로 끌어당기고 있는데, 지구가 너무나도 무겁고 거의 움직이지 않아서 일방적으로 지구가 끌어당겨 떨어지는 것처럼 보인다). 엄청난 발견이었지만 '왜 끌어당기는가'에 대해서 뉴턴은 설명하지 않았다. '서로 끌어당기는 것이다'라고만 했을 뿐이다.

6장에서 자세하게 설명하겠지만, '왜 서로 끌어당기는가'를 설명한 사람은 알베르트 아인슈타인이다. 아인슈타인은 공간이 왜곡되어 있어서 서로 끌어당기는 것이라고 만물이 서로 끌어당기는 이유를 설명했다. 단, '그렇다면 왜 공간이 왜곡됐는가'라는 질문에는 답하지 않았다.

앞으로 공간이 왜곡된 이유를 설명할 수 있는 날이 올지도 모르지만, 그때도 '왜?'가 붙을 것이다. '○○이기 때문이다'라고 설명하면 '왜 ○○일까?'라고 '왜?'는 계속 붙을 것이다.

물리학은 이렇게 '더 간단할 수 없다', '이런 것이다'라고까지 파고들어, 그것 이상의 이유가 없는 법칙을 찾아내는 것이 목적이다.

뉴턴의 만유인력 법칙이 아인슈타인에 의해 설명된 것처럼, 지금 '이런 것이다'라고 되어 있는 이유가 없는 법칙도 앞으로 이유를 찾을지도 모른다. 하지만 현재 이 우주 안에서 작용하는 힘은 네 가지 힘(법칙)으로 집약된다. 즉, 모든 것의 움직임, 물체의 변화는 네 가지 근본적인 힘으로 설명할 수 있다.

여기서 네 가지 힘이란, '중력(인력)' '전자기력' '강력' '약력'을 말한다. 중력과 전자기력은 상상할 수 있겠지만, '강력' '약력'을 처음 들어 봤다면 무슨 의미인지 선뜻 이해할 수 없을 것이다. 그렇다면 하나하나 간단하게 살펴보자.

우선 중력(인력)은 모든 물체가 가지고 있는, 상대를 끌어당기는 힘을 말한다. 우리가 우주 공간에 빨려 들어가지 않고 구체인 지구상에 서 있는 것은 지구의 중력으로 연결되어 있기 때문이다.

이렇게 들으면 중력을 커다란 힘처럼 생각할지도 모르지만 실제는 매우 약한 힘이다. 예를 들어 책상 위에 두 개의 펜이 있을 때, 이 두 펜 사이에는 중력이 작용하여 서로 끌어당기고 있지만, 전혀 그렇게 보이지 않는다. 지구는 커다랗기 때문에 지구와의 사이의 중력은 느낄 수 있지만, 작은 물체끼리의 중력은 너무나도 약하기 때문에 보통은 전혀 느끼지 못한다.

단, 중력의 존재를 확인하는 방법이 있다. 그림처럼 두 개의 무거운 구슬을 매달고, 한쪽 구슬 가까이에 다른 구슬을 둔다. 이렇게 하면 인력이 작용하여 끌어당기기 때문에 꼬이게 된다. 그러다 가까이에 둔 구슬을 치우면 꼬인 것은 원래대로 돌아온다. 정말 약간의 힘으로도 꼬이기 때문에 미크론(micron) 단위로 정밀하게 측정하면 인력을 확인할 수 있다.

두 번째 전자기력은 전기와 자기력을 말한다. 전기와 자기는 얼핏 다르다고 생각하지만, 본질적으로는 같다는 사실을 1864년에 제임스 맥스웰(James Maxwell)이라는 물리학자가 밝혀냈다.

우리 주변에서 관찰할 수 있는 것은 전자기력이나 중력으로 모두 설명할 수 있다. 예를 들어 한번 손으로 피부를 눌러보라. 그러면 작용•반작용의 법칙으로 피부가 눌어난 만큼의 힘을 손바닥도 받게 된다. 즉, 피부도 손도 점점 분해하면 원자로 구성되어 있고, 그 원자 주변에는 마이너스 전하를 가진 전자가 존재하는데, 이 마이너스와 마이너스가 서로 밀어내는 힘이 손바닥으로 느껴지는 것이다.

마찬가지로 바닥에 둔 물체를 잡아당길 때 바닥의 표면이 울퉁불퉁하다면 마찰력이 작용하여 무겁게 느껴지는데, 이것 역시 바닥의 표면과 물체의 표면의 원자가 맞부딪쳐 원자끼리 전자기력이 작용하기 때문이라고 설명할 수 있다.

이처럼 우리 주변 세계, 눈에 보이는 세계에서 일어나는 것은 모두 중력과 전자기력에 영향을 받는다.

그렇다면 '강력'과 '약력'이라는 이상한 이름의 힘은 도대체 무엇일까? 이 두 힘은 원자핵 속에 있는 입자에 작용하는 힘이다. 우리 눈에 보이지 않은 미시 세계에서 작용하고 있다. 원자핵 속에서 양자와 중성자를 달라붙게 하는 힘이 '강력'이고, 중성자가 양성자로 바뀌는 것처럼 입자에 변화를 일으키는 힘이 '약력'이다.

그렇다면 왜 '강력', '약력'이라는 이상한 이름일까? 그 이유는 처음에는 정체를 몰랐기 때문이다. 양성자

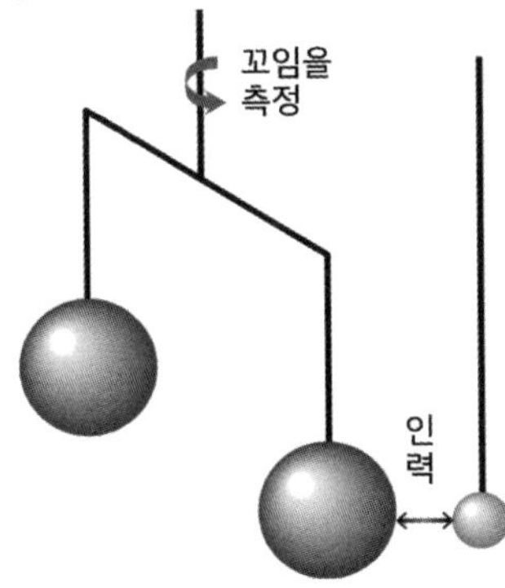

는 플러스 전하를 가지고 있고, 중성자는 중성이다. 양성자가 여러 개 모이면 양성자의 플러스와 플러스가 서로 밀어내는 힘, 즉 전자기력보다도 강력한 힘으로 붙어있다는 것에서 이론적으로 '이런 힘이 있을 것이다'라고 생각했다. 그렇기 때문에 정체는 모르지만 전자기력보다도 강력한 힘이라는 의미로 '강력'이라고 이름 붙였고, 약력은 그것보다도 훨씬 약하기 때문에 '약력'이라고 이름 붙였다.

정리

- 이 세상에 작용하는 힘은 단 네 가지 힘으로 설명할 수 있다.
- 우리의 주변에서 일어나는 것은 '중력'이나 '전자기력'으로 모두 설명할 수 있고, '강력' '약력'은 원자핵 속에서 작용하는 힘이다.

08 카미오칸데의 발견은 부산물이었다?!

우주에서 발생하는 일은 '중력', '전자기력', '강력', '약력'이라는 네 가지 힘으로 모두 설명할 수 있다. 이 네 가지 힘이 가장 기본적인 힘이지만, 실은 이 중에서 전자기력과 약력은 하나로 합칠 수 있다. 이 두 힘을 합치는 이론은 1967년에 발표됐다.

이후 물리학자 사이에서 혹시 '강력도 전자기력과 약력과 합칠 수 있지 않을까' 하고 생각하여 여러 가지 설을 제기했지만 몇 가지 유력한 이론이 등장했을 뿐이다. 아직까지 옳다고 확정된 이론은 없으니 말이다.

어떤 이론에서는 양성자를 방치하면 자발적으로 파괴되어 다른 입자가 될 것이라고 예측했다. 그래서 '양성자가 파괴된다'라는 현상을 어떻게든 확인하려고 만든 것이 바로 '카미오칸데'다.

카미오칸데라고 하면 고시바 마사토시(小柴昌俊)가 2002년에 전자의 동료인 '중성미자(뉴트리노)'를 관측하여 노벨 물리학 상을 받은 것으로 유명하다. 참고로 카미오칸데를 더욱 발전시킨 '슈퍼 카미오칸데'로는 중성미자의 진동이 발견되어 중성미자에 질량이 있다고 알게 됐고 그 성과로 2015년에 가지타 다카아키(梶田 隆章)가 노벨 물리학상을 받았다.

이로 인해 '카미오칸데=중성미자 관측 장치'라고 생각하기 쉽지만, 따지고 보면 전자기력과 약력과 강력 세 힘을 통일한 이론을 확인하기 위해 만든 장치다. 카미오칸데에는 대량의 물이 든 거대한 탱크가 있다. 이 대량의 물에 포함된 대량의 양성자 중에서 만약 이론이 맞아 붕괴하는 것이 있다면 빛이 나오게 된다. 이 빛을 캐치하기 위해 탱크 주변에 수많은 센서를 달았지만 아직까지 양성자 붕괴 현상은 발견하지 못했다.

그 대신에 우연히 지구 근처 별의 폭발로 인해 우주에서 오는 중성미자를 발견한 것이다. 중성미자란 소립자(소립자에 대해서는 5장에서 설명한다) 중 하나로, 현재 알려진 중성미자에는 세 종류가 있다.

그런데 중성미자는 물(수소와 산소) 원자핵이나 전

자와 충돌하면 빛을 발생한다. 이 빛의 패턴은 양성자가 붕괴할 때와는 다르기 때문에 카미오칸데로 관측된 빛이 중성미자로 인한 빛이란 사실이 밝혀지게 됐고, 그러면서 카미오칸데는 일약 유명해졌다.

중성미자의 발견은 마치 부산물 같았지만, 이 부산물 덕분에 노벨 물리학상을 받게 됐고 돈도 벌게 됐다. 그리고 카미오칸데가 슈퍼 카미오칸데가 되면서 장치는 점점 커지고 있다. 한편 본래의 목적인 양성자 붕괴를 찾아 전자기력과 약력과 강력을 합하는 이론을 확인하려고 한 이야기는 어떻게 됐을까? 슈퍼 카미오칸데로 계속 관측하고는 있지만, 현재까지 확인되지 않았다. 즉, 이 세 가지 힘을 합할 수 있는지 아닌지는 아직 알지 못한다는 이야기다.

정리

- 카미오칸데의 목적은 네 가지 힘을 하나로 합치는 이론을 확인하기 위한 것이었다.
- 양성자가 붕괴할 때에 나오는 빛을 관측하기 위해 만들었지만, 중성미자가 물과 반응하여 발생한 빛을 발견했다.

09 이론은 어떻게 인정될까?

전자기력, 약력, 강력 이 세 가지가 아니라 궁극적으로는 중력을 포함한 네 가지 힘 모두를 통일하여, 하나의 힘으로 모든 현상을 설명할 수 있지 않을까 하는 것이 현대 물리학자의 궁극적인 목표다. 하나의 힘으로 모든 것이 설명 가능하다면 그만큼 심플한 것은 없을 것이다.

이를 위해 세계의 물리학자가 네 가지 힘을 통일할 수 있지 않을까 하고 여러 가설을 세웠는데, 그중에서 지금 가장 유력한 가설은 '초끈이론(초현이론)'으로 물체의 최소단위는 입자가 아니라 진동하는 끈과 같다는 이론이다.

일반 사람은 물체를 점점 분해하면 최종적으로 끈과 같은 형태가 된다는 것이 신기할지도 모른다. 자세한 이야기는 생략하겠지만, 이 초끈이론을 사용하면 전자기력, 약력, 강력과 중력 모두를 하나의 이론으로 설명할 가능성이 보이기 때문에 세계의 많은 물리학자가 연구하고 있다. 단, 아직 증명되지는 않았기 때문에 현 단계에서는 '유력한 가설'에 지나지 않는다.

그렇다면 이런 새로운 이론은 어떻게 인정될까?

누군가 권위 있는 연구자나 유서 깊은 기관이 '맞다'라고 인정하는 것이 아니라 '그럭저럭 맞는 것 같다'라고 세계의 연구자가 합의하여 결정된다.

어떤 새로운 이론이 세상에 나오면 우선은 올바른 계산을 했는지 체크하고, 계산상으로 옳다고 확인되면 자연스럽게 실험 그룹이 그 이론을 확인하는 실험을 진행한다. 단, 한 번의 실험 결과만으로는 신용할 수 없으니 다른 그룹이 추가 실험을 진행하고, 여러 그룹이 검증에 성공하여 많은 연구자가 '틀림없다'라고 생각하게 되면 그 이론은 받아들여지게 된다.

즉, 최종적으로는 실험을 진행하여 이론과 관측 결과가 옳다고 확인돼야 받아들여지는데, 이를 위해서는 새로운 발견에 대한 논문이 발표되고 잡지에 실리면서, 각 연구실에 배포되는 절차의 흐름이 있어야 한다. 하지만 지금은 논문을 쓰면 바로 인터넷에 노출된다. 내 연구 분야에 한해서도 매일 50개 전후의 논문이 쏟아진다. 물리학 전체로 보자면 수백 개의 논문이 매일 나오고 있는 셈이다.

이 모든 논문을 빠짐없이 살펴보는 것은 아니다. 나는 그날 나온 논문의 제목을 우선 대략 메일로 살펴보고 흥미 있는 것만 초록을 읽고, 내 연구와 관련이 있거나 재미있어 보인다면 내용을 자세히 읽는다.

그렇기 때문에 논문 세계에서도 제목이 중요하다. 누구라도 제목을 쓱 보고 '재미없겠다'라고 느끼면 내용을 보지 않기 때문에 한 줄로 얼마나 표현하는지가 텍스트의 성패를 가른다고 할 수 있다. 단, 일반 서적일수록 괴이함을 자랑하는 제목을 붙이지는 않지만 말이다.

대충 읽은 것 중에 진짜 획기적이지만 묻혀버린 논문이 있었을 가능성도 있다. 초끈이론이 처음 발표됐을 때 대부분은 눈길을 주지도 않았다. 그러다가 '아무래도 계산이 맞는 것 같다', '중력도 포함된 네 가지 힘을 통일할 가능성이 있다'라는 흐름이 생기자, 세계의 물리학자들이 모두 연구를 하기 시작했다. 그

것이 1980년대 후반의 일이다. 이후 한창 연구가 진행됐지만 아직 확립된 이론은 없다. 왜냐하면 실험할 수 없기 때문이다.

초끈이론이 맞는지 증명하기 위해서는 막대한 에너지로 입자끼리 충돌시켜야만 한다. 이런 경우 '가속기'라고 불리는 장치를 사용하는데, 초끈이론이 예측하는 현상을 관찰하기 위해서는 은하계와 비슷할 정도의 막대한 가속기를 준비해야만 한다. 이런 현실 불가능 때문에 아직까지는 실험할 수 있는 방법을 찾지 못했다.

과연 어떻게든 실험 방법을 찾을지, 혹은 전혀 다른 방법으로 검증할 수 있을지 알 수 없다. 인공지능(AI)을 활용하면 가능할지도 모른다고 주장하는 연구원도 있지만, 오랜 시간 세계의 연구원들이 도전해온 문제를 만약 인공지능이 해결한다면, 그것을 과연 인간의 지능으로 이해할 수 있을까?

이런 이유에서 초끈이론은 네 가지 힘을 합칠 가능성이 있지만, 실험 방법을 찾지 못했기 때문에 유력한 가설로만 남아 있다.

정리

- 새로운 이론은 여러 번의 실험으로 확인이 되면 받아들여진다.
- 네 가지 힘을 합칠 가능성을 가진 유력한 가설이 존재하지만, 실험 방법을 찾지 못했다.

10 아인슈타인은 아마추어 학자였다?!

새로운 유력한 이론이 나오면 실험으로 검증한다고 했는데, 물리학자는 크게 두 유형으로 나뉜다. 이론을 생각하는 '이론가'와 실험으로 검증하는 '실험가'. 참고로 나는 전자로 이론을 생각하는 쪽이다.

이론도 실험도 모두 하는 게 좋지 않을까 하고 생각할지도 모른다. 하지만 앞서 설명한 초끈이론처럼 실험 방법을 찾지 못한 경우도 있고, 양쪽 모두 너무나도 고도화됐기 때문에 두 가지를 모두 한다는 것은 매우 어려운 일이다.

실험을 진행하려면 전문적인 장비와 나름의 돈이 필요하기 때문에 대학이나 연구 기관에 소속되어 있지 않으면 현실적으로 하기 어렵다. 하지만 이론을 생각하는 것뿐이라면 현재는 인터넷으로 대부분의 정보를 입수할 수 있기 때문에 전문 기관에 소속되어 있지 않아도 할 수 있다.

실제 일본 물리학회나 천문학회의 연례 회의에 가면 일반 사람들도 발표를 한다. 참고로 국제회의의 경우는 주최 측이 발표자를 선별하지만, 일본 물리학회나 천문학회의 연례회의는 특정한 전형이 없기 때문에 누구나 발표할 수 있다. 그래서 아마추어 이론 물리학자도 존재할 수 있는 셈이다.

그야말로 세기의 천재라고 불리는 아인슈타인도 처음 상대성 이론(특수 상대성 이론)을 발표했을 때, 아마추어 물리학자였다. 그는 대학 졸업 후에도 조교로 남고 싶어 했지만 바람은 이루어지지 않아 어쩔 수 없이 일하면서 홀로 연구를 계속할 수밖에 없었다. 그러다 26세가 돼서 특수 상대성 이론을 발표했는데, 그때 아인슈타인은 스위스 특허청에서 근무하고 있었다.

공무원 생활을 하면서 개인 시간을 쪼개가며 물리학의 역사를 바꾼 이론을 만들어 낸 것이다. 게다가 그해에 특수 상대성 이론을 포함하여 세 권의 논문을 발표했는데, 모두 엄청났다. 그중 한 논문으로(광

▌알베르트 아인슈타인

전효과와 관련된 이론) 그는 나중에 노벨 물리학상까지 받게 되니까.

지금도 아마추어 이론가가 세기의 발견을 할 가능성은 충분하다. 이론이라면 방대한 실험 장비 따위는 필요 없다. 컴퓨터만 있다면 어디에서나 얼마든지 아이디어를 낼 수 있으니 현대의 아인슈타인이 등장하지 말란 법은 없는 것이다.

정리

- 물리학자는 '이론가'와 '실험가' 두 유형이 있다.
- 아인슈타인은 특허청에서 일하면서 상대성 이론을 생각했다

  이론가라면 어디에서든 제2의 아인슈타인이 될 수 있다!

3장

하늘 위의 물리학

11 구름은 왜 떨어지지 않을까?

어린 시절 푸른 하늘에 떠 있는 하얀 구름을 올려다보면서 누구나 한 번쯤 의문을 가졌을 것이다. 왜 구름은 떨어지지 않을까 하고 말이다.

구름도 무게가 있으니 내버려 두면 떨어져야 한다. 하지만 하늘에 떠 있는 채 머물러 있는 것처럼 보이는 이유는 간단히 말하면 '엄청나게 공기 저항을 받기 쉽기 때문'이다.

조금 더 자세하게 설명해보겠다.

보통 물체가 떨어지는 속도는 정해져 있다. $9.8\,\mathrm{m/s^2}$로 말이다. 즉, 1초 동안에 $9.8\,\mathrm{m/s}$씩 가속한다는 의미다. 물체가 떨어지는 속도는 만유인력의 법칙(뉴턴의 중력 법칙)과 지구의 무게로 이미 정해져 있다.

단, 여기에는 조건이 있다. 공기저항을 받지 않은 경우 그러하다는 것이다.

공기저항은 물체가 떨어지는 속도가 빠르면 빠를수록 커진다. 예를 들어 한 야구공을 높은 곳에서 떨어뜨린다고 해보자. 처음에는 가속되어 떨어지겠지만, 어느 순간 속도는 일정해진다. 공기저항과 중력이 균형을 이룬 곳에서 속도는 더 증가하지 않고 그대로 일정한 속도가 된다.

참고로 더 가속되지 않는 속도, 즉 최종 속도를 '종단 속도'라고 부른다. 다만 이 책은 교과서가 아니니 이름을 기억할 필요까지는 없다.

공기저항은 당연하게도 가벼운 물체일수록 받기 쉽다. 예를 들어 탁구공을 높이 던졌을 때, 확 하고 떨어진다고는 생각하지 않을 것이다. 야구공과 비교하면 천천히 떨어진다. 이것은 중량이 가벼워 공기저항이 크기 때문에 속도가 빠르지 않아도 중력과 공기저항이 균형을 이뤄 탁구공이 천천히 떨어지는 것이다. 종이나 깃털이 팔랑팔랑 춤추듯 떨어지는 것 역시 마찬가지다.

다시 구름 이야기로 돌아가 보자. 구름은 운립이라고 불리는 눈에 보이지 않을 정도로 작디작은 물방울과 얼음 입자의 집합이다. 가볍고 작은 입자라서 공기저항을 매우 잘 받는다. 떨어지기는 하지만 엄청나게 느린 속도로 떨어진다. 떨어지는 속도가 너무나도 느리기 때문에 거의 떠 있는 것처럼 보일 정도다.

또한 바람의 영향도 쉽게 받는다. 상공에는 상승기류와 하강기류가 있는데, 구름이 떨어지는 속도보다도 공기의 흐름에 떠밀려 움직이는 힘이 크기 때문에 밑에서 바람이 불면 확 하고 떠올라 좀처럼 떨어지지 않는다.

아지랑이나 안개는 누구나 봤을 것이다. 아지랑이와 안개 역시 구름이 떠 있는 것과 같은 현상이다. 아지랑이도 안개도 공기 중에 엄청나게 미세한 물방울이기 때문에 공기 저항이나 바람의 영향을 받아 좀처럼 떨어지지 않는다.

구름은 밑에서 보면 커다란 뭉치처럼 보이기 때문에 '어떻게 떨어지지 않는 것일까?' 하고 생각될지도 모르지만 아지랑이나 안개와 같은 현상이라고 생각하면 이해하기 쉬울 것이다. 등산이 취미인 사람이라면 더욱 잘 이해할 수 있다. 등산하다 보면 구름에 들어가기도 한다. 밑에서 보면 덩어리를 만들고 있는 구름도 그 속에 들어가면 단순한 아지랑이가 핀 상태라는 것을 잘 알 수 있다.

조금 더 친근한 사례가 분무기다. 분무기로 물을 뿌리면 미세한 입자 상태가 된 물방울이 공기 저항을 받아 흩날린다. 바람이 없는 고요한 실내에서 분무기를 뿌리면 매우 천천히 흩날리며 떨어진다.

구름이 하늘에 떠 있는 것이나 아지랑이나 안개가 대기 중에 떠 있는 것, 분무기에서 물이 흩날리는 것도 같은 법칙을 따른다. 이렇게 생각하면 구름 저 위에 일어나는 일도 친근하게 느껴지지 않은가?

정리

- 구름은 가볍고 작은 입자의 집합이다.
- 구름은 공기 저항이나 바람의 영향을 받기 쉬워 천천히 떨어지다가 떠오르기 때문에 떠 있는 것처럼 보인다.
- 아지랑이나 안개가 대기 중에 떠 있는 것은 분무기로 물을 뿌리는 것과 같은 현상이다.

12 왜 하늘은 파랗고 노을은 빨갈까?

하늘은 왜 파랄까? 과학에 관심 있는 사람이라면 당연히 답할 수 있을지 모르지만 답하지 못하는 사람도 많을 것이다. '하늘이 파란 이유 따위는 생각해본 적 없다'라고 말이다.

애초에 하늘은 왜 어둡지 않을까? 하늘은 투명하기 때문에 태양이 있는 쪽은 태양빛이 들어와 밝아지고, 빛을 받지 못하는 쪽은 어두워지는 것일까? 실제로 우주정거장에서 찍은 영상을 보면 하늘은 완전 어둡다.

우주와 지구의 차이는 모두가 알고 있듯이 공기가 있느냐 없느냐다. 공기는 무색투명하게 보이지만, 산소 분자와 질소 분자라는 입자로 구성되어 있다. 하늘 위의 공기, 즉 대기 중의 공기의 양은 아주 많다. 이로 인해 태양의 빛은 입자에 부딪혀 진로를 바꾸게 되고 여러 방향으로 '산란' 한다.

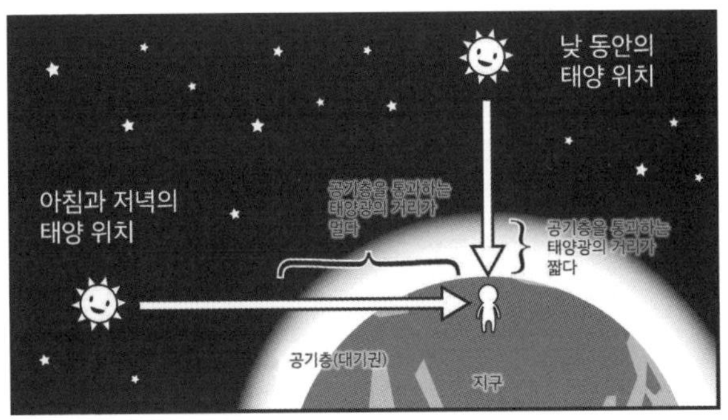

아침과 낮, 저녁의 태양 위치

태양빛은 '빨, 주, 노, 초, 파, 남, 보'라는 다양한 색이 서로 어우러져 있다(보통 일곱 가지 색이라고 하지만 빨강과 주황, 주황과 노랑의 경계는 모호하다. 그렇기 때문에 다양한 색이라고만 할 수 있다). 색의 빛은 빨강에서 보라로 감에 따라 파장이 짧아진다. 즉, 빨간빛이 파장이 가장 길고, 보랏빛이 파장이 가장 짧다.

파장이 짧은 빛은 대기 중에 다양한 입자에 부딪히기 쉽기 때문에 진로를 바꾸게 되고, 산란하기 쉽다. 반대로 파장이 긴 빛은 부딪히기 어려워 입자와 입자 사이를 빠져나가면서 똑바로 나아가게 된다.

즉, 태양빛 중에 파장이 긴 빨간빛은 똑바로 나아

가는 데 반해 파장이 짧은 보라, 남색, 파랑과 같은 푸른빛은 진로를 바꿔 쉽게 산란한다. 그렇기 때문에 하늘 위에 푸른빛이 여기저기 흩어져 있어 태양과 다른 방향에서 눈에 들어오는 빛은 푸른빛이 많아 하늘이 푸르게 보이는 것이다.

그렇다면 노을은 왜 빨갈까? 낮 동안 하늘은 파란데 해가 뜰 무렵과 해가 질 무렵의 하늘은 빨갛다. 이 현상은 '대기의 두께'와 관련이 크다.

상공의 대기 두께는 대략 8㎞이다. 이 정도의 거리라면 파장이 짧은 푸른빛이 진로를 여기저기로 바꾸면서 이동해도 푸른빛이 눈에 들어온다.

하지만 해가 뜰 무렵과 해가 질 무렵에는 태양이 옆쪽으로 기운다. 이렇게 되면 태양빛이 대기 속을 통과하는 거리가 수백 ㎞로 길어지기 때문에 산란하기 쉬운 푸른빛은 도중에 빛을 잃게 된다. 그래서 다른 장애물을 빠져나가 똑바로 나아갈 수 있는 붉은빛만이 향하는 곳에 도달하기 때문에 태양빛에 비추어진 주변 구름이 서서히 붉게 물들게 된다.

단, 낮 동안의 푸른 하늘과 달리 붉은빛은 산란하는 정도가 작기 때문에 하늘 전체가 빨갛게 물들지는 않는다. 아침노을이나 저녁노을에 하늘 전체가 어두운 군청색이고 태양 주변만 붉은 이유는 붉은빛은 똑바로 나아가면서 여기저기 흩어지지 않기 때문이다.

정리

- 파장이 긴 빛일수록 똑바로 나아가고, 파장이 짧은 빛일수록 다양한 원자나 분자에 부딪혀 진로를 바꿔 산란한다.
- 낮 동안 하늘이 파란 이유는 파장이 짧은 푸른빛이 산란하고 있기 때문이다.
- 아침노을이나 저녁노을이 붉은 이유는 태양이 멀리 위치하게 되어 푸른빛이 당도하지 못하기 때문이다.

13 지구는 왜 따뜻해졌나?

요즘 '전례 없는 더위'가 매년 찾아온다. 실제로 세계 각지에서 최고기온 기록이 경신되고 있다. 그렇다면 온난화는 왜 발생할까?

물리학의 관점에서 온난화를 설명하자면, 열에너지가 커지는 현상이다. 지구상의 생물은 항상 태양에서 에너지를 공급받고 생활을 한다. 단, 지구에 에너지가 들어오기만 한다면 지구의 온도는 점점 상승하겠지만, 들어온 에너지와 거의 같은 양의 에너지를 우주로 방출하여 균형을 맞춘다.

지구 온난화나 한랭화는 이 에너지의 균형이 무너져 발생하는 것이다. '이산화탄소가 증가하면 지구 온난화가 진행된다'라고 하는데, 대기 중에 증가한 이산화탄소가 본래는 지구에서 우주로 나가야 하는 열에너지를 흡수해버려 충분히 열을 방출할 수 없게 되기 때문이다.

단, 지구 온난화의 원인을 완전히 밝혀내지는 못했다. 실제로는 복잡한 요인이 서로 뒤얽혀있기 때문에 이산화탄소를 줄이기만 하면 온난화를 막을 수 있는 그런 간단한 문제가 아니다.

예를 들어 우주선(宇宙線)의 양이 관계있다는 연구도 있다. 우주선이란 우주에서 끊임없이 쏟아져 내리는 방사선을 말한다. 우주에서 지구에 도달하는 우주선은 주로 양성자로 구성되어 있고(1차 우주선), 1차 우주선이 대기 중의 질소나 산소의 원자핵에 부딪혀 뮤온이나 중성미자 등의 소립자로 변해(2차 우주선) 지상에 쏟아진다.

우주선이 많이 도달하면 구름이 생성되기 쉬워지고, 태양빛을 반사하기 때문에 지구의 온도가 내려간다. 반대로 우주선의 양이 줄면 구름이 생성되기 힘들어져 태양빛을 흡수하기 쉬워지기 때문에 지구의 온도가 오른다.

지구는 2000억 개 이상의 별이 모인 '은하계(은하수)' 속에 있다. 은하계는 직경이 10만 광년 이상이라는 거대한 원반과 같은 형태다. 1광년은 빛이 일 년

걸려 도달하는 거리이기 때문에 은하계의 끝에서 끝까지는 빛의 속도로도 10만 년 이상 걸리는, 말도 안 되게 먼 거리다.

은하계는 위에서 보면 중심 부분이 막대기와 같은 형태이고 별이 밀집되어 있기 때문에 그 주변을 별과 가스 등의 집합으로 생성된 여러 개의 팔이 소용돌이 치고 있는 것처럼 보인다.

그 안에서 지구도 움직이고 은하계 자체도 회전하고 있다. 2억 년 남짓 걸려 1회전 한다고 하면 꽤 느린 속도처럼 느껴질지도 모르지만, 은하계는 너무나도 거대하기 때문에 지구에서 초속 200㎞ 정도의 빠르기로 움직이고 있는 셈이다.

이렇게 지구도 은하계도 끊임없이 움직이기 때문에 지구가 은하계의 팔 안에 들어가 있는 시기도 있지만, 팔 바깥쪽으로 나가는 시기도 있다. 팔 안에 있을 때는 우주선이 증가하고, 팔에서 나갈 때는 우주선이 감소한다. 이 '팔 안에 있는가, 나와 있는가'라는 타이밍과 지구에 빙하기나 온난기가 오는 타이밍이 같다는 연구가 있다.

단, 지금 온난화가 지구의 위치와 관계있는지는 잘 모른다. 지금 문제가 된 온난화는 수십 년 동안 몇도가 오른 건데 빙하기와 비교해보면 짧은 기간 동안 작게 온도 변화가 일어난 것이다

애초에 기상 자체가 몇 가지 원인이 복잡하게 얽혀 있기 때문에 모든 것을 정확하게 설명하고 예측하기는 어렵다. 물리학에서는 몇 광년 전의 별이 왜 폭발했는지 등, 우주에서 발생하고 있는 현상을 해명하기 위한 연구를 진행하지만 우리에게 있어서 기상은 친근한 문제인 만큼 지구 표면에서 온도가 1도 올랐다, 2도 올랐다는 매우 세세한 설명과 예측이 요구된다. 그렇기 때문에 친근하지만, 또 친근한 만큼 어려운 문제다.

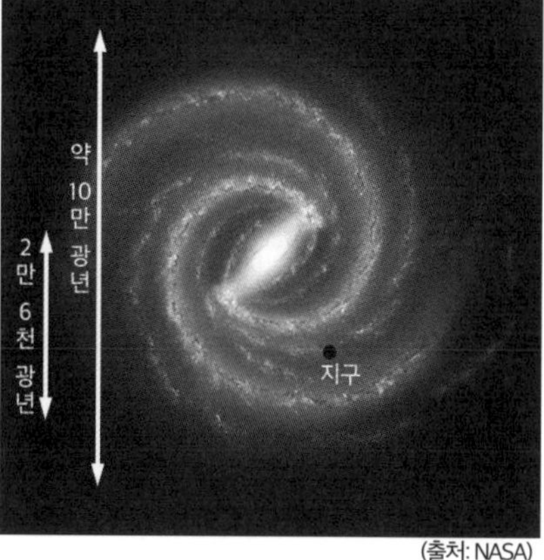

▌은하계

(출처: NASA)

정리

- 태양에서 받은 에너지와 우주에 방출하는 에너지의 균형이 무너졌다.
- 온난화를 비롯하여 기상은 복잡해서 한 가지 원인만으론 설명할 수 없다.

14 지구의 축은 왜 기울어졌을까?

지구는 일 년에 한 번 태양 주변을 돌고(공전), 북극점과 남극점을 잇는 '지축'을 중심으로 하루에 한 번 자전한다. 그리고 지축은 공전축과 수직이 아니라 약 23.4도(공전 궤도면과는 66.6도) 기울어져 있다.

'지축은 왜 기울어져 있습니까?'

이전에 물리학 전공이 아닌 학생을 대상으로 한 교양으로 물리학을 가르쳤을 때 학생에게 받은 질문이다. 결론부터 말하자면 '기울어져 있지 않을 이유가 없다'이다. 공전 궤도면에 대해서 수직이 될 이유가 없다. 결국은 우연인 셈이다.

23.4도라는 각도에 대해서도 이 각도가 아니면 안 되는 이유는 없다. 우연히 이 각도로 기울어져 있을 뿐이다. 단, 조금 기울어져 있어서 태양과 지구의 위치 관계에 의해 태양빛이 닿는 각도와 일조 시간이 변해 사계절이 생겼다. 우리의 인생이 우연한 일들로 살짝씩 바뀌는 것과 마찬가지다.

참고로 천왕성은 공전 궤도면에 대해 수직인 직선에 비해 98도가 기울어져 있다. 거의 옆으로 누워 자전하는 듯한 형태다. 이로 인해 북극과 남극 근처에서는 태양 쪽을 바라보는 시기에는 온종일 밝고, 태양과 반대 측을 향할 시기에는 온종일 어둡다.

그렇다면 지구 지축의 기울기는 앞으로 오랜 세월 동안 바뀌지 않을까? 기울기가 바뀌어 천왕성처럼 된다면 어떻게 될까? 하지만 다행히도 지축은 안정되어 있다. 달이 지구 주변을 돌고 있는 덕분이다. 달의 중력으로 지축은 안정되면서 같은 각도를 유지하고 있다. 만일 달이 없다면 지축은 몇만 년, 몇십만 년이라는 세월에 걸쳐 다양한 방향을 향할지도 모른다.

실제로 달처럼 커다란 위성을 가지지 못한 화성은 축이 불안정하여 오랜 세월에 걸쳐 기울기가 변해왔다. 만약 지구의 축이 불안정하다면 기후도 불안정해지고 생물의 진화도 어려웠을 것이다. 지금 있는 지구의 모습은 이런 우연의 덕택이다.

정리

- 지축이 직각이 아닌 이유는 그럴만한 이유가 없기 때문이다.

---

15 지구는 왜 자전을 시작했을까?

이것도 자주 듣는 질문이다. 이 질문은 '왜 행성은 자전하지 않을까'라는 이야기로 이어진다.

지구를 시작으로, 행성은 기본적으로 암석이 모여 생성됐다. 우주 공간 속에서 태양 주변을 떠다니고 있던 물질끼리 서로 중력으로 끌어당겨 몇 개의 작은 덩어리를 만들고, 그 덩어리가 충돌과 합체를 반복하면서 서서히 커다란 바윗덩어리를 만들고 최종적으로 형성된 것이 행성이다.

바위와 바위가 부딪칠 때, 정확히 중심끼리 부딪치는 것이 아닌 한 회전이 발생하게 된다. 그렇기 때문에 '지축은 왜 기울어져 있는가'와 마찬가지로, 회전이 발생하지 않을 수가 없다.

그렇다면 왜 하루에 일 회씩 변함없이 계속 회전할까? 이것은 우주에는 마찰이 없기 때문이다. 지구에서는 물체를 회전시키면 점점 회전 속도가 줄어들고 얼마 뒤 정지하게 된다. 아무리 축이 어긋나지 않도록 정확하게 팽이를 돌려도 돌고 있는 시간이 다소 길어질 뿐 팽이는 머지않아 멈춘다. 이것은 축과 바닥 사이의 마찰이나 공기와의 마찰 때문이다.

한편 진공인 우주는 마찰이 없기 때문에 한번 회전하기 시작하면 영원히 회전하게 된다. 외부에서 힘이 가해지지 않는 이상 가속하지도 않고 감속하지도 않는다. 한 번 쏘아져서 궤도에 안착한 인공위성이 연료를 추가하지 않아도 지구 주변을 같은 속도로 도는 이유도 이와 같다.

지구는 24시간 동안 1회 자전하기 때문에 적도 부근에서는 하루에 4만 킬로미터 정도의 속도로 움직인다. 이 속도가 빠른지 느린지는 차치하고 24시간 동안 1회전 한다는 속도도 실은 달과 관련이 있다.

달이 생성된 것은 지금으로부터 45억 5,000만 년 정도 전이다. 이 무렵 지구는 소천체와 충돌과 합체를 반복하다가 화성 정도의 크기의 천체와 충돌했다. 그때 비스듬히 부딪쳤기 때문에 그 충격으로 대량의 암석이 우주 공간으로 방출되었고, 방출된 암석이 머지않아 하나로 합쳐져 달이 생성됐다고 한다. 그렇기 때문에 달과 지구는 비슷한 암석 성분으로 구성돼 있다.

그런데 앞에서 지축이 현재처럼 기울어진 것은 우연이라고 했지만, 직접적인 원인은 달이 생겨난 계기가 된 천체와의 충돌이라고 생각한다. 충돌의 충격으로 현재의 기울기가 된 것이다.

또한 달이 생성되기 전의 지구는 조금 더 빠른 속도로 자전했었다. 5~8시간에 1회전 했다고 하니, 하루는 24시간이 아니라 5~8시간이었다. 달이 만들어지고 달의 힘이 지구의 자전을 늦추는 쪽으로 영향을 미쳤기 때문에 24시간 주기가 된 것이다.

만약 화성 크기의 천체가 원시 지구에 충돌하지 않아 달이 생성되지 않았다면, 우리가 사는 세계는 더욱더 조급하게 돌아갔을 것이다. 아니, 그보다도 우리가 태어나지 못했을지도 모른다.

정리

- 암석과 암석이 부딪쳐 행성이 생성될 때, 두 암석이 정면으로 부딪치지 않은 이상 행성은 회전하게 된다.
- 마찰이 없는 우주에서는 한번 회전을 시작하면 멈추지 않는다.

16 지구 이외에 생명체는 존재할까?

지구 이외의 별에도 우리와 같은 지성을 가진 생명이 존재할까? 외계인은 공상과학 영화 속 이야기로 생각될지도 모르지만 물리학자 사이에서는 진지하게 논의되는 주제다.

아직은 찾지 못했기 때문에 정말 존재하는지 아닌지는 아직 누구도 알지 못한다. 하지만 토성이나 목성의 위성 중에 액체 상태의 물이 존재하는 별이 있다는 점과 지구에 있는 생명이 의외로 억세기 때문에 저 어딘가에도 생명이 있을 가능성은 충분하다.

그렇다면 지구의 생명은 도대체 어떻게 탄생했을까? 이것 역시 아직 명확하게 밝혀지지는 않았다. 지구에서 태어났다, 우주에서 왔다는 두 가지 가설 중 예전에는 전자가 유력했다.

지구의 대기 속에 벼락이 떨어져 전기 자극으로 인

해 유기물이 생성됐고, 그것이 생명이 되지 않았을까 하는 이야기다. 하지만 이렇게 생명을 만드는 것은 매우 어렵고 확률도 매우 낮다. 지구가 만들어지고 나서 6억 년 후에 생명이 생겨났다고 하는데, 그렇게 짧은 시간(우주의 역사와 비교하면 짧다) 사이에 생명이 만들어졌다고 생각하기는 어렵다.

'원래 지구에 있었을 가능성은 없는가' 쪽으로 생각하는 사람도 있다. 하지만 지구가 막 만들어졌을 때는 엄청나게 고온이었다. 표면이 녹을 정도로 과혹한 환경이었다는 점을 고려하면, 생명의 기원이 존재했다고 해도 타서 없어져 버렸을 것이다. 이런 점을 생각하면 지구가 기원지가 아닐지도 모른다.

우주가 생성된 것은 지금으로부터 약 138억 년 전의 일이다. 우주가 생성되고 지구상에 생명이 등장하기까지는 100억 년 가까운 시간이 있었다. 우주 어딘가에서 생명이 탄생했고 지구로 와서 진화했다고 생각하는 쪽이 시간상으로 앞뒤가 맞는다는 설도 유력하다.

게다가 인간이 살 수 있는 환경은 한정되어 있지만, 원시적인 생물이라면 지구상의 온갖 곳에서 살아갈 수 있었다. 그렇다면 우주 공간에서 살아남는 것도 가능하지 않을까?

생명의 근원이 우주 공간에 존재했었다면 지구만 겨냥해 이동했다고 생각하기는 어렵다. 다른 온갖 별에도 생명의 근원이 갔을 것이다. 그렇다는 의미는 다른 별도 지구처럼 물이 있는 환경이라면 그곳에서 증식하고 진화한 생명이 있다고 해도 이상하지 않다.

정리

- 지구 이외의 별에 생명체가 존재할 가능성은 충분하다.
- 우주 어딘가에서 생명의 근원이 왔다고 한다면, 다른 어딘가의 별에서도 진화한 생명이 있을 수 있다.

17 행성 발견 전성시대! 행성은 어떻게 찾는가?

지구 이외에 생명체가 있지 않을까 하는 이야기가 현실감을 띠게 된 것은 '마침 딱 좋은 행성'을 찾았기 때문이다.

1990년대 후반에 '행성 발견 전성시대'가 꽃을 피웠다. 우리가 사는 지구는 태양을 중심으로 태양의 중력이 미치는 천체로 이루어진 '태양계'에 속해있다. 지구는 태양에서 세 번째로 가까운 행성이다. 이 밖에 태양에서 가까운 순으로 수성, 금성, 화성, 목성, 토성, 천왕성, 해왕성이 있다. 참고로 행성이란 태양처럼 스스로 빛나는 별(항성)의 주변을 도는 별을 말한다.

태양계에는 '은하계'라고 불리는 수 천억 개의 별이 모여 있는 곳이 끝 쪽에 있다. 우주에는 은하계 외에도 무수의 은하가 존재한다.

그런데 마침 발견한 딱 좋은 행성이란, 생명이 살고 있을지 모르는 영역이 있는 행성이다. 생명이 살 수 있는 조건으로 중요한 부분이 행성 표면에 액체인 물이 존재하느냐다. 태양계라면 지구보다도 태양에 가까운 수성과 금성은 표면 온도가 너무 높아 물이 있어도 바로 증발해버린다. 반대로 지구 다음으로 태양에서 먼 화성은 표면 온도가 너무 낮아 물이 있어도 얼어버린다.

태양과 같은 항성에서 너무 가깝지도 않고 멀지도 않고, 액체인 물이 안정적으로 지표에 존재할 수 있는 영역을 '해비터블 존(Habitable Zone)'이라고 부른다. 해비터블 존은 거주가 가능하다는 의미다.

태양계에서 해비터블 존에 있는 행성은 지구뿐이지만, 행성 주변을 도는 '위성' 중에는 표면을 덮은 빙하 아래에 물(바다)이 있는 것(목성의 위성 에로우파)과 물은 아니지만 액체 메탄이 지표면에 존재하는 것(토성의 위성 타이탄) 등이 있다.

태양계 외에도 해비터블 존에 존재하는 행성이 발견됐다. 태양과 비슷한 별의 주변에 있는 것인데, 태양계 밖에 있는 행성(태양계 이외의 행성)이 처음 발견된 것은 1995년과 비교적 최근의 일이다. 이후 쭉 쭉 행성이 발견됐고, 현재는 4,000개 이상의 태양계 외의 행성이 발견됐다.

태양계 중에서 지구에서 가장 먼 행성인 해왕성까지는 45억㎞로, 광속으로 네 시간 정도 걸린다. 태양계 밖의 별이라면 적어도 광속으로 몇 년 이상, 많게는 수십 년에서 수천 년 이상이나 걸리는 거리다.

그 정도로 멀리 있는 행성을 어떻게 찾았을까? 이때 많이 사용하는 방법은 태양과 같은 중심별(항성)을 찾고, 그 앞을 행성이 가로지를 때 조금 어두워지기 때문에 그 중심별이 언제 어두워지는지를 관측하는 것이다. 행성이 항성 주변을 돌 때 그 행성이 커다란 별이라면 중심별도 다소 흔들리기 때문에, 그 흔들림(1초에 1m 정도의 흔들림)을 관측하여 어느 정도의 별이 돌고 있는지를 추정한다. 어느 쪽이든 상당히 정밀하게 측정해야만 한다.

게다가 행성 때문에 중심별이 숨겨져 조금 어둡게 보인다 해도 때로는 어두워진 것처럼 보일 뿐인 상황도 자주 있기에 단순한 노이즈인지 정말 행성 때문인지를 구별해야만 한다.

현재에는 전용 망원경을 탑재한 인공위성을 쏘아 올려 인공위성에서 보이는 범위를 한순간에 관측하고 막대한 데이터를 해석하여 행성을 찾아낸다. 이제는 인간의 눈으로 분류하기에는 너무나 자료가 방대해서 행성이 지나갈 때의 패턴을 인공지능에 학습시켜 해석하는 방법도 이용하기 시작했다. 천체 관측이라고 하면 지상에서 망원경을 열심히 바라보는 이미지가 그려질지 모르겠지만, 지금은 인공위성이나 인공지능을 활용하는 경우가 많다. 천체 관측은 데이터 분석의 승부다.

이렇게 해서 찾은 결과 태양계 밖 행성에는 해비터블 존에 있는 행성과, 지구와 비슷한 크기의 행성이 존재한다는 걸 알게 됐다.

예로 태양계에서 가장 가까운 항성인 프로키시마 켄타우리의 주변을 도는 프로키시마 켄타우리는 해비터블 존에 있는 행성으로, 크기도 지구와 거의 비슷하다. 2016년에 발견된 이후 생명이 있지는 않을까 하고 기대가 커지고 있다. 프로키시마 켄타우리에서는 강력한 자외선이 나오고 있고 표면의 대기가 사라졌을 가능성도 있으며, 우리와 같은 인간이 살기에는 가혹한 환경일지도 모르지만, 그런 가혹한 환경에서도 살아남을 수 있게 진화된 생명체가 있을지도 모른다.

태양과 같은 항성에서 너무 멀지도 가깝지도 않은 해비터블 존에 있는 행성이나 위성을 하나하나 살펴보며, 그 행성의 모양과 위성 모양을 직접 살펴봐야 한다. 빛도 없는 아득한 저 먼 곳에 있는 별을 직접 살펴보기란 상당히 어려운 작업이다.

정리

- 중심에서 빛나는 별을 찾아, 그 주변을 도는 행성이 존재하는 기미를 관측한다.
- 태양계 밖에도 생명이 살 가능성이 있는 별을 찾았다.

4장

우리는 무엇을 보고 있는가?
— 빛의 이야기

18 빨간색은 왜 빨간색으로 보일까?

우리는 평소 특별히 의식하지 않고 사물을 본다. 예를 들어 지금 이 책을 읽고 있는 당신은 무엇을 보고 있는 것일까? 책을 보고 있다, 이 페이지를 보고 있다, 이 페이지에 적힌 글자를 보고 있다. 모두 맞는 말이지만, 맞지 않은 말이기도 하다. 정확하게 말하자면 빛을 보고 있는 것이다.

옛날 사람은 자신의 눈에서 광선이 나와 볼 수 있다고 생각했다. 눈에서 나온 광선이 사물을 감지하고 있지 않을까 하고 생각한 것이다. 확실히 시선을 향하면 대상이 보이기 때문에 이렇게 생각할 수도 있다. 애초에 '시선'이라는 말 자체가 자신에게서 무언가를 발산하는 듯한 느낌을 준다

물론 눈에서 광선이 나오는 것은 아니다. 우리는 사물에 닿은 태양빛이나 조명 빛 중에서 흡수되지 않고 반사된 빛을 본다. 어떤 종류의 빛을 흡수하기 쉬

운지는 물질에 따라 다르기 때문에 반사된 빛의 종류도 다르다. 이런 반사에 의해 사물의 색이 결정된다.

빨간색 사물이 빨간색으로 보이는 이유는 그 사물이 빨간색 이외의 빛을 흡수하고 빨간색 빛만을 반사하여 그 빨간빛이 우리 눈에 도달하기 때문이다. 그러므로 사물 자체가 빨간색 빛을 발산하는 것은 아니다. 마찬가지로 녹색 사물은 녹색 이외의 빛을 흡수하고 녹색 빛을 반사한다. 계속해서 흰색 사물은 모든 색의 빛을 반사하고, 반대로 검은색 사물은 모든 빛을 흡수한다.

그렇다면 빛의 색은 무엇으로 결정될까? 정답은 파장이다. 3장의 '하늘은 왜 파랄까'라는 부분에서 간단히 언급했지만, 중요한 내용이기 때문에 다시 한 번 살펴보자.

빛은 일종의 파동이다. 정확하게는 입자의 성질도 가지는데, 이 이야기는 7장에서 할 예정이다. 수면에 나타나는 파동처럼 빛도 파동으로 존재한다. 그 마루 하나(골에서 골, 마루에서 마루)의 길이를 '파장'이라

▌빛의 파장

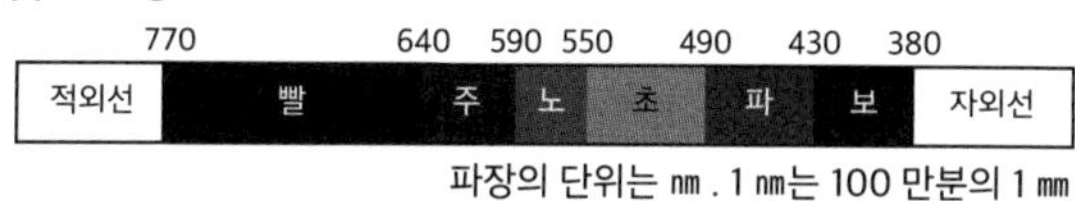

고 하고, 파장이 다르면 우리 눈에는 다른 색의 빛으로 보인다.

그렇다면 마루의 높이(진폭) 차이는 무엇일까? 바로 빛의 강도, 즉 밝기의 차이다. 또한 빛은 종류에 상관없이 속도(1초 동안 진행하는 거리)가 일정하기 때문에, 파장이 짧은 빛일수록 1초 동안에 마루와 골을 반복하는 횟수가 많아지고, 파장이 긴 빛일수록 적어진다. 이것을 주파수 혹은 진동수라고 한다.

참고로 평소 우리가 '빛'이라고 부르는 것은 정확하게는 '가시광선'을 말한다. 즉, 눈으로 보이는 빛이다. 그렇다는 것은 당연히 눈에 보이지 않은 빛도 있다는 의미다.

눈에 보이는지 보이지 않는지의 차이도 파장의 차이다. 우리가 눈으로 볼 수 있는 것은 대략 400㎚에서 800㎚ 파장의 빛이다. 이것보다 파장이 짧아도 혹은 길어도 우리의 눈에는 보이지 않는다.

▌빛의 진폭

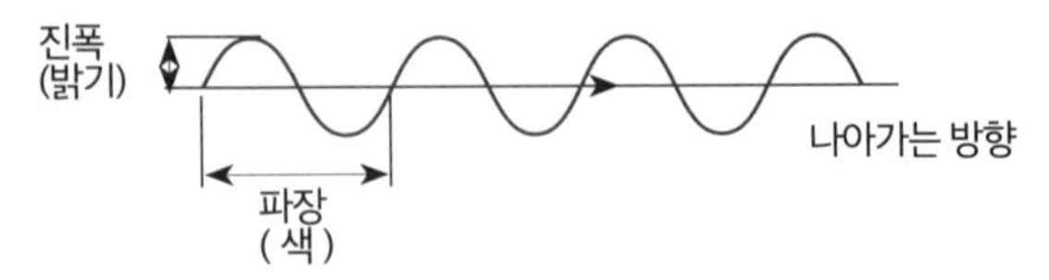

가시광선보다도 파장이 긴 것에는 '적외선', 전자레인지에 사용되는 '마이크로파', 통신기기에 이용하는 '전파'가 있으며, 파장이 짧은 것에는 '자외선', 'X선', '감마선'이 있다. 이것을 통틀어 '전자파'라고 한다.

모두 빛의 종류이지만 우리가 보기 위해서는 눈의 망막에 있는 시각세포가 빛을 캐치하여 시신경을 자극해야만 한다. 이 시각세포가 반응할 수 있는 것이 대략 400㎚에서 800㎚ 파장의 빛(전자파)으로 한정되어 있다.

서두의 이야기로 돌아가 보자. 반사된 빛에 의해 그 사물의 빛이 결정되는데, 흡수된 쪽의 빛은 어디로 갈까? 계속 끝없이 흡수되어 쌓여있는가 하면 그렇지는 않다. 흡수된 빛은 그대로 열에너지로 변환된다.

그렇기 때문에 모든 빛을 흡수하는 검은색은 열을 가지기 쉽다. 단, 계속 따뜻함을 유지하지는 않는다.

물체가 열을 가지고 있으면 반드시 전파를 방사하게 된다. 그것은 우리도 마찬가지이기 때문에 미약하지만 눈에 보이지 않은 전파를 발산하고 있다. 이렇게 해서 들어온 에너지(빛)와 나가는 에너지가 균형이 맞춰져 온도가 너무 높아지지 않도록 유지하고 있다.

정리

- 우리가 보고 있는 것은 사물이 반사하는 빛이다.
- 빛은 파장에 의해 색이 결정된다. 파장이 너무 길어도 혹은 너무 짧아도 인간의 눈에는 보이지 않는다.

19 편광 렌즈를 사용하면 왜 물속이 깨끗하게 보일까?

바다나 강에서 물속을 위에서 바라봐도 좀처럼 보이지 않는다. 그것은 수면에서 반짝거리며 반사된 빛이 방해하여 물속에서 나온 빛이 눈에 제대로 도달하지 못하기 때문이다.

이때 편광렌즈를 사용하면 수면에서 반사된 빛을 차단해주기 때문에 물속을 훤히 볼 수 있다. 낚시가 취미인 사람이라면 이미 애용하고 있을지도 모른다. 달리기나 골프, 윈터 스포츠와 같은, 지면이나 눈밭의 반사가 신경 쓰이는 아웃도어 스포츠에서도 유용하다.

편광렌즈는 왜 반사된 빛을 차단해줄까? 그전에 생소한 '편광'이 무엇인지 대해 알아보자.

빛을 봐도 우리 눈에는 그것이 빛나는지 빛나지 않은지 정도로만 보이지만, 실제로 빛에는 좌우로 흔들리는, 즉 두 종류의 파동으로 나뉘는 성질이 있다. — 가로 방향으로 진동하는 파동과 상하로 흔들리는 세로 방향으로 진동하는 파동. 태양빛이나 조명에서 오는 빛은 수많은 빛의 집합이기 때문에 모든 방향으로 진동한다. 이런 빛을 물리학에서는 '자연광'이라고 한다.

이것과 비교해서 특정 방향으로만 진동하는 빛이 '편광'이다.

편광 선글라스는 렌즈에 편광판이라는 세로 방향으로 진동하는 빛만을 통과시키는 특수한 필터를 사용한다. 금속 이외의 사물에 반사된 빛은 반사면과 수평 방향으로 진동하는 편광이 된다는 성질이 있다. 즉, 수면에서 반사된 빛의 대부분은 가로 방향의 편

▌편광판의 움직임

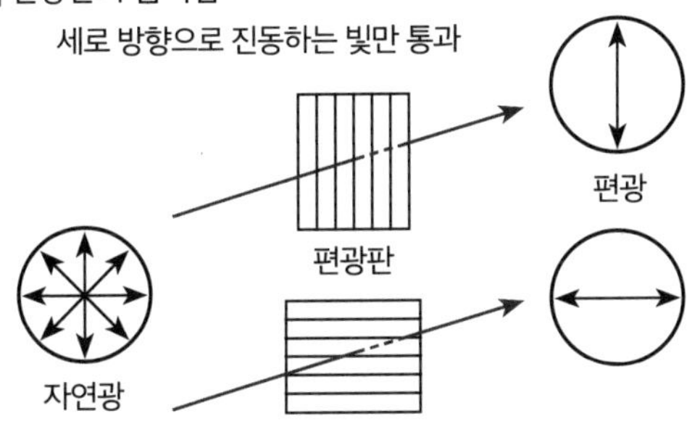

광으로 변한다. 그렇기 때문에 세로 방향의 빛만을 통과하는 편광판이 들어간 선글라스를 쓰고 보면 반사된 빛은 차단돼, 물속에서의 빛이 도달하기 쉽게 되는 것이다. 바로 이런 원리로 물속을 훤히 볼 수 있는 것이다.

학창시절에 창문으로 들어온 빛이 반사되어 칠판이 잘 안 보였던 경험이 있을 것이다. 이런 경우에도 편광판을 사용하면 반사된 빛만을 차단해주기 때문에 칠판을 잘 볼 수 있게 된다.

이 편광이라는 성질은 다양한 가전제품에도 사용된다. 카메라 렌즈에 장치하는 필터 중 하나인 'PL 필터'가 편광의 성질을 이용한 제품이다. PL이란 'Polarized Light'의 약자로 간단히 말하면 편광 필터다. 이 필터를 장착하면 편광 선글라스와 마찬가지로 반사된 빛을 차단해주기 때문에, 피사체 본체의 색이 더욱 선명하게 찍힌다. 수면을 깨끗하게 찍을 때나 창문 너머의 풍경을 찍을 때에도 도움이 된다. 반대로 수면에 비친 형상도 함께 찍고 싶을 때 편광 필터를 장착한다면 당연히 역효과가 발생한다.

액정 디스플레이는 어떻게 되어 있는가?

TV나 컴퓨터, 스마트폰 등의 액정 디스플레이에도 편광판이 쓰인다. 구조를 간단히 살펴보자.

TV나 컴퓨터는 잘 보면 작은 점으로 나뉘어 있고, 하나하나의 점에 빨강, 파랑, 녹색의 컬러필터가 있다. 그리고 뒤에서 하얀 빛을 쫴, 하나하나의 점이 빛을 차단하거나 통과시켜 빛을 표현한다. 이때 빛을 차단하는 방법으로 편광판이 한 역할을 맡고 있다.

조금 전에 편광판이 세로 방향으로 진동하는 빛만을 통과시킨다고 썼지만, 이 편광판을 가로로 돌리면 가로 방향으로 진동하는 빛만을 통과시키게 된다. 두 장의 편광판을 90도로 교차하는 구조로 만든다면, 한쪽은 가로 방향의 빛을 차단하고 다른 하나는 세로 방향의 빛을 차단하기 때문에 빛이 통과할 수 없게 된다. 액정 디스플레이에서는 두 장의 편광판 사이에 '액정 분자'를 둬서 빛을 왜곡시키거나 그대로 진행시켜 빛의 통과를 컨트롤한다.

액정이란 액체와 고체의 중간 상태이며 액정의 분

▌액정 디스플레이의 구조

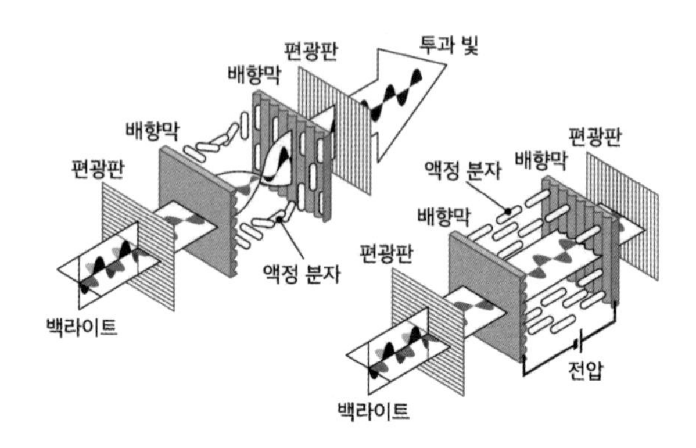

자는 홈을 따라 정렬되어 있고, 전기를 흘리면 전기의 흐름에 따라 똑바로 정렬되는 성질이 있다. 이 액정 분자에 가로 방향으로 홈이 들어간 판과 세로 방향으로 홈이 들어간 판을 끼면, 액정 분자는 90도로 뒤틀려 정렬하고, 전압을 걸면 뒤틀린 것이 풀려 똑바로 정렬하게 된다. 빛은 액정 분자의 배열에 따라 나아가는 성질이 있기 때문에 전압이 걸리지 않을 때는 빛도 90도 뒤틀리고, 전압이 걸리면 그대로 나아간다.

두 장의 편광판 사이에 액정 분자를 끼워 넣으면 세로의 편광판을 따라 빛이 세로 방향으로만 남기 때문에 그대로는 가로 편광판을 통과할 수 없다. 하지만 액정 분자의 뒤틀림에 따라 빛도 90도로 뒤틀리기 때문에 통과할 수 있게 된다.

즉, 전압을 걸거나 걸지 않거나 하여 빨강, 파랑, 녹색의 점을 하나하나 컨트롤한다. 이것이 액정 디스플레이의 원리다.

정리

- 빛에는 가로 방향, 세로 방향으로 진동하는 두 종류의 파동이 있다.
- 편광판을 통과하면 세로 방향으로 진동하는 빛만 남게 된다.

20 3D 영화는 왜 입체적으로 보이는가?

보통 영화들은 대부분이 2D이다. 그런데 3D 영화를 보다보면 영상에서 깊가 느껴지기도 하고 영상이 튀어나오는 것처럼 보이기도 한다. 2009년에 공개된 <아바타>의 대히트 이후에 증가했던 3D 붐은 어느 정도 가라앉은 것처럼 보이지만 최근에도 해리포터 시리즈의 최신작인 <신비한 동물들과 그린델왈드의 범죄>가 3D로 상영된 만큼 3D 열풍은 여전히 지속되고 있다.

당연하지만 우리는 평소 입체적으로 사물을 본다. 왜 그럴까? 바로 우리에게는 눈이 두 개 있고, 좌우의 눈의 위치가 달라 오른쪽 눈과 왼쪽 눈이 항상 조금씩 다르게 대상을 보기 때문이다.

예를 들어 그림과 같은 입방체를 볼 때, 오른쪽 눈에는 오른쪽 측면이 많이 보이고, 왼쪽 눈에는 왼쪽 측면이 많이 보인다. 그렇게 이 좌우의 이미지를 뇌에서 융합함에 따라 그 대상의 깊이를 느끼게 된다.

3D 영화의 원리도 마찬가지다. 오른쪽 눈과 왼쪽 눈이 각각 조금씩 다른 영상을 보는 것처럼 조정된다.

예전에는 입체 영상을 볼 때 빨강과 파란 셀로판이 붙은 안경을 사용했다. 오른쪽 눈은 빨간색, 왼쪽 눈은 파란색으로 보이게끔 영상이 채색되어 있어서 빨강-파랑 안경을 쓰고 보면 좌우의 눈으로 다른 영상을 보게 돼 입체적으로 보이는 구조였다. 하지만 이 방법은 색이 입혀진 안경을 사용하기 때문에 전체의 색조가 바뀌게 되어 더 이상 쓰이지 않고, 최근 들어 다음과 같은 두 가지 방법을 쓰게 됐다.

한 가지는 오른쪽 렌즈용의 영상과 왼쪽 렌즈용의 영상을 번갈아 가며 흘리면서, 그 영상에 맞춰 안경의 오른쪽 렌즈와 왼쪽 렌즈의 셔터를 번갈아 닫는 방법이다. 즉, 오른쪽 렌즈의 셔터가 닫힐 때는 왼쪽 눈을 위한 영상이 나오고, 왼쪽 렌즈가 닫힐 때는 오른쪽 눈을 위한 영상이 나오는 것을 반복한다. 왼쪽 눈으로만 보는 시간과 오른쪽 눈으로만 보는 시간이 번갈아 반복되지만, 너무나도 순식간에 바뀌기 때문에 연속하여 보게 된다.

다른 한 가지 방법은 조금 전의 편광을 사용한 방법이다. 안경의 좌우 렌즈에 세로의 편광판과 가로의 편광판을 사용하여 한쪽은 세로 방향으로 진동하는 빛만을, 다른 한쪽은 가로 방향으로 진동하는 빛만을 통과하게 만든다. 이렇게 하면 오른쪽 눈을 위한 영상과 왼쪽 눈을 위한 영상을 동시에 영사해도 좌우 렌즈가 오른쪽 눈에는 오른쪽 눈의 영상만, 왼쪽 눈에는 왼쪽 눈의 영상만을 분리해서 볼 수 있게 해준다.

어느 쪽이든 오른쪽 눈과 왼쪽 눈이 조금씩 다른 영상을 보게 된다.

참고로 3D 영화를 보다보면 보통 영화를 볼 때와 달리 지치는 듯한 느낌을 받을 수도 있다. 그것은 개개인마다 오른쪽 눈과 왼쪽 눈의 보는 방식이 어긋나기 때문이다.

좌우 눈 사이의 간격은 사람에 따라 다르다. 간격이 넓은 사람은 오른쪽 눈과 왼쪽 눈의 보는 방식이 크게 차이가 나고, 간격이 좁은 사람일수록 차이

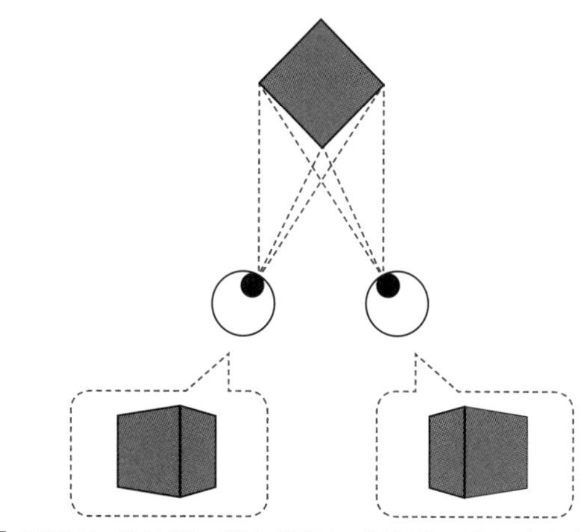

▌오른쪽 눈에 보이는 것과 왼쪽 눈에 보이는 것이 다르다

가 작다. 3D 영상을 볼 때 평소 자신이 오른쪽 눈으로 볼 때와 왼쪽 눈으로 볼 때의 방식에 차이가 크지 않다면 힘들지 않겠지만, 그렇지 않다면 평소와 다른 경험을 하는 것이기 때문에 눈이 피로해질 수 있다.

눈의 초점을 바꾸면 그림이 입체적으로 보이는 랜덤 도트 스테레오그램(random dot stereogram)이라는 영상이 있다. 언뜻 보기에 노이즈와 같은 어떤 그림 속에 입체적으로 보이는 그림이 숨겨져 있어서 의도적으로 시선 끝을 전후에 비켜 두면 그 그림이 입체적으로 떠오른다. 누구나 한 번은 시험해본 적이 있을 것이다. 이것도 익숙해지기 전까지는 피로하고 조금 부담스러울 수도 있다. 시선 끝을 먼 쪽에 맞춘 채 가까운 종이를 보는 행위로 평소와는 다른 경험이기 때문이다.

비록 뇌는 평소에 의식을 하면서 사물의 깊이를 느끼고 입체적으로 그것을 보지는 않지만, 순식간에 좌우의 이미지의 어긋남에서 깊이를 계산하여 공간을 입체적으로 파악한다.

정리

- 오른쪽 눈과 왼쪽 눈으로 각각 다르게 대상을 보면 대상이 입체적으로 보인다.
- 오른쪽 눈과 왼쪽 눈으로 영상을 다르게 보는 방법에는 좌우 영상을 차례대로 바꿔 보이게 하는 방법과 편광판을 사용한 방법이 있다.

21 같은 빨간색을 봐도 사람에 따라 보는 방식이 다르다?

4장의 서두에서 빨간색이 빨간색으로 보이는 이유, 즉 색이 보이는 이유를 설명했는데 빨간색을 보고 빨간색이라고 느끼는 것은 또 조금 다른 이야기다.

우리가 사물을 볼 때, 그 사물에서 반사된 빛이 눈에 도달하면 눈의 깊은 곳에 있는 망막에 꽉 차 있는 시각세포가 반응하여 자극받는다. 이 시각세포에는 '간상세포'와 '추상세포' 두 종류가 있다. 그중 밝을 때 활동하여 색을 식별하는 쪽은 추상세포다. 이 추상세포에는 세 종류가 있으며 반응하는 파장의 빛은 각각 다르다.

붉은빛, 초록빛, 푸른빛에 각각 반응을 한다. 이 세 종류의 추상세포가 어느 정도 반응하면 정보가 뇌에 전송되고 우리는 색을 인식한다. 즉, 빨, 녹, 청의 삼색의 조합으로 색을 느끼게 되는 것이다.

빨, 녹, 청의 삼색이라고 하면 '빛의 삼원색'을 떠올린 사람도 있을 것이다. 빨, 녹, 청의 세 가지 색의 빛을 조합하면 모든 색을 만들 수 있다.

색은 무한한데 왜 삼색만 필요할까. 그것은 우리 인간의 눈이 이 삼색의 센서로 만들어져 있기 때문이다. 즉, 빛의 삼원색은 우리 인간이 느끼고 파악할 수 있는 모든 색을 만들어 낸다.

그렇기 때문에 실제로는 성질이 다른 빛이 우리에게는 같은 색으로 보이는 경우도 있다. 엄밀하게는 다른 파장의 빛이어도, 우리의 눈에 있는 세 종류의 추상세포가 똑같이 반응해버리는 경우가 있다.

반대로 같은 사물을 봐도, 어떤 사람은 갈색이라고 하고 어떤 사람은 오렌지색이라고 하는 것처럼 사람에 따라 보는 방식이 다르기도 하다. 사람에 따라 세 종류의 추상세포의 분포가 다르면 그 감도에도 차이가 있는데, 여기에는 심리적인 요인도 크다.

예를 들어 같은 색이라도 밝은 곳에 있는 것은 어둡게 보이고, 어두운 곳에 있는 것은 밝게 보인다. 그것은 어떤 물체의 색을 인식할 때 그 사물이 반사하는 빛의 정보뿐만 아니라 그 주변의 정보도 들어오고 난 뒤 뇌가 '무슨 색'이라고 결정하기 때문이다.

물리학과는 조금 멀어지지만, 시각이라는 것은 뇌의 움직임과 깊은 관계가 있다.

책상 위에 한 장의 종이가 놓여 있다고 하자. 우리는 눈앞의 종이 전체가 보이는 것처럼 느끼지만, 실제로는 '한 번'으로 보는 것은 한 점에 불과하다.

눈의 깊숙한 곳에는 망막 전체에 2억 개 이상의 시각세포가 꽉 채워져 있는데, 균등하게 있는 것은 아니고 망막의 중심부에 가장 고밀도로 채워져 있다. 그렇기 때문에 시야의 중심부는 세세하게 보이지만, 그 주변은 어렴풋하게만 보인다. 시선을 돌려 대상을 훅 훑으면서 그 대상의 이미지 영상이 뇌에서 결합되고 구성되면서 마치 한눈에 보이는 것처럼 느끼게 되는 것이다.

본다는 것은 반사된 빛을 받아들여 그 자극이 뇌에 신호를 보내고 뇌에서 영상을 구성하는 것이다. 이렇게 생각하면 보이는(혹은 느끼는 감각) 것이 진실이라고는 할 수 없다.

정리

- 우리는 빨, 녹, 청 세 종류의 센서의 조합으로 색을 감지한다.
- 뇌가 어떤 색을 감지할 때 환경에 영향을 받기도 한다.

22 착시는 항상 일어나는가?

보고 있는 것이 진실이라고는 할 수 없다고 한다면 아래 그림을 보기 바란다.

왼쪽 네 개의 가로 선은 모두 평행하게 그어져 있다. 하지만 기울어진 선이 들어 있어서 번갈아 기울어진 것처럼 보인다.

이렇게 시각에서의 착각을 '착시'라고 한다. 착시가 발생하는 이유는 우리의 뇌는 '환경'에 쉽게 속기 때문이다.

우선 평행한 선에 사선의 선을 그어 넣으면 평행한 선이 기울어져 보인다. 왜 그럴까? 이유는 인간은 선

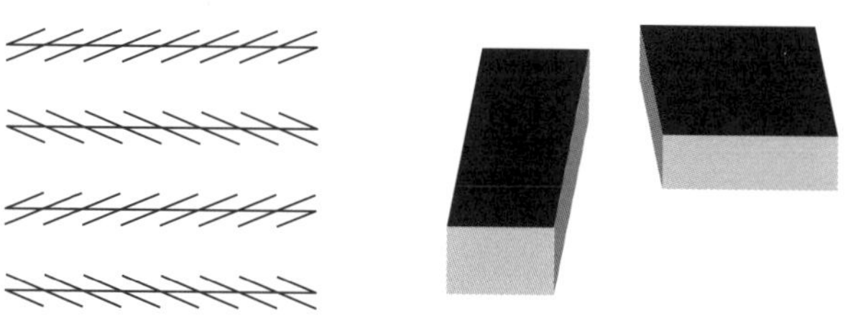

▌착시의 구체적인 예

이 엇갈려 있는 것을 보면 수직으로 엇갈려 있다고 생각하는 경향이 있기 때문이다. 선이 종이에 그어져 있어도 입체적인 공간에서 수직으로 엇갈려 있는 것처럼 사람들은 무의식으로 느끼게 된다. 때문에 평행하게 그어진 선에 사선의 선이 엇갈려 있으면 예각이 실제로 각도보다도 크게 보여 평행선이 기울어져 있는 듯한 착시에 빠진다.

직육면체의 일러스트 쪽은 입체적인 물체의 표면이라고 생각하면 '안쪽 길이는 짧게 보이는 것'이라는 심리가 자동으로 작용하여, 안쪽 면을 길게 느끼게 된다. 그렇기 때문에 왼쪽의 평행사변형은 안쪽이 좁고 길게 보이고 오른쪽의 평행사변형도 실제보다 안쪽이 길게 보인다. 책을 90도 회전시켜서 두 가지 직육면체를 보면 인상이 바뀔 것이다.

이런 착시는 결코 이상한 것이 아니라, 입체적인 공간 속에서 직각인 것에 둘러싸여 생활하는 현대인에게 필요한 뇌의 능력이다. 오히려 착시를 하지 않으면 불편하게 느껴진다. 예를 들어 우리 연구실에는 정사각형의 테이블이 있다. 당연히 네 개의 각은 직각이지만, 눈에 비치는 상은 직각이 아니다. 바로 위에서 보지 않은 이상 네 개의 각은 직각으로 보이지 않기 때문에 반드시 평행사변형이나 사다리꼴로 보일 것이다. 하지만 직각이라고 알고 있기 때문에 직각으로 보이는 것처럼 생각하게 된다. 이것도 일종의 착시라고 할 수 있다. 현명한 착시다.

본다는 것은 단순히 빛의 자극을 느끼는 것만이 아니라, 뇌가 경험이나 주변의 정보를 융합하여 처리한 결과다. 그것은 경험으로 획득한 능력이지만, 그 능력을 반대로 이용하면 조금 전의 일러스트와 같이 뇌를 속이는 것도 가능하다.

오히려 시각은 원래 심리학의 영역이지만, 시각을 비롯한 감각을 무언가의 방법으로 수치화하여 물리적인 양과의 관계를 조사하는 정신물리학(심리 물리학)의 영역이라고도 한다.

심리적인 인상과 실제로 측정한 수치와의 사이에는 크고 작은 차이가 있다. 인간은 눈으로 본 것만으로 쉬이 판단해버리는 오류에 빠진다. 어느 쪽이 긴

지 짧은지 실제로 재보지 않는 이상 대부분 쉽게 틀린다.

정리

- 실제로 눈에 보이는 것을 그대로 보는 것은 아니다.
- 인간은 현명하게 착시를 일으키면서 입체적인 공간 속에서 살아가고 있다.

5장

모든 것은 입자로 이루어져 있다 — 소립자, 원자, 분자의 세계

23 화상은 분자 운동의 소행이다?

화상이란 열에 의해 피부나 점막이 손상되는 병이다. 누구나 알고 있는 내용이다.

단지 화상이라는 현상을 물리학적으로 설명하면 조금 깊은 세계가 보인다.

세상의 모든 것은 원자로 이루어져 있다. 중학교에서 이렇게 배운다. 인간의 몸도, 여러 개의 원자가 모인 단백질 등의 분자를 만들어 구성되어 있다. 여러 개의 원자가 복잡하게 결합하여 복잡한 분자를 만들어 움직이고 있기 때문에 견딜 수 있는 온도에는 한계가 있다.

여기서 온도란 원자의 진동을 말한다. 1장에서도 조금 다뤘는데, 세상에 존재하는 모든 원자나 분자는 끊임없이 움직이고 있고 온도가 높아지면 움직임이 격해지고, 온도가 낮으면 움직임이 줄어든다. 즉, 분자의 움직임의 정도를 나타내는 것이 '온도'다.

우리의 몸을 구성하는 분자도 항상 진동하며 움직이고 있다. 하지만 온도가 높은 것과 접촉하면 그 에너지에 의해 분자의 진동이 너무 격해진 나머지 견딜 수 없게 되어 팍 하고 부서져 세포가 파괴되어 버린다. 이것이 화상이라는 현상이다.

참고로 '동상'은 그 반대의 현상이다. 일반적으로는 '몸의 일부가 얼어버리는 한랭장애'이지만, 물리학적으로는 너무나도 온도가 낮기 때문에 분자의 진동이 적어진 결과 발생하는 것이다.

예를 들어 물이 매우 차가우면 얼음이 된다. 정말 당연한 현상이다. 이때 물 분자의 움직임이 줄어들고 물 분자와 물 분자가 딱딱해져 자유롭지 않아 신체가 움직이지 않게 되는 상태가 된다.

이것과 마찬가지로 우리의 몸을 구성하는 단백질의 분자가 자유롭게 움직이기 위해서는 어느 정도의 온도가 필요하고 온도가 낮으면 움직임이 멈추게 된다. 그렇게 되면 세포가 파괴되어 조직이 괴사하게 된다. 이것이 동상이다.

인간의 몸이라는 것은 체온 전후에서 제대로 움직이게 만들어져 있다. 우리의 몸이 원자나 분자로 구성되어 있다고 해도 좀처럼 실감할 수는 없을 것이다. 하지만 화상이나 동상을 일으키는 것을 떠올려보면 인간의 몸도 원자나 분자로 이루어져 있다는 것을 다소 실감할 수 있을 것이다.

정리

- 인간의 몸을 구성하고 있는 것도 원자와 분자다.
- 분자의 움직임이 심해지면 화상이 되고, 분자의 움직임이 줄어들면 동상이 된다.

24 원자는 어떻게 증명됐는가?

모든 것이 원자로 이루어져 있다고 제대로 알려지게 된 시기는 20세기에 들어서다. 지금으로부터 불과 100년 정도 전으로, 비교적 최근의 일이다.

더는 나눌 수 없는 작은 입자가 있고, 그 입자가 모여 물질이 생성된다는 '원자설'은 예전부터 있었다. 무려 그리스 시대부터 존재했다. 하지만 원자는 너무나도 작아 직접 눈으로 볼 수 없기 때문에 존재를 확인할 수 없어 '원자는 있는가, 없는가'라는 논의의 결론이 전혀 나지 않았다.

그것이 '역시 원자는 있다'라는 풍조로 바뀐 계기는 화학반응식이었다. 예를 들어 수소와 산소를 연소시키면 물이 생성된다. 이때 수소 분자와 산소 분자와 물 분자의 비는 반드시 2:1:2다. 모든 화학반응은 원자·분자의 수가 간단한 정수비일 때만 반응한다. 또한 반응 전후로 원자의 수는 반드시 일치해야 한다.

화학반응식이 알려지게 된 당시, 원자나 분자가 실제로 존재하는지는 밝혀지지 않았지만 물질이 영원히 분해 가능한 것이 아니라 원자나 분자라는 단위가 존재하기 때문에 정수비로 반응하는 것일 수 있겠다는 주장이 나오게 됐다. 원자, 분자라는 단위가 있다고 가정하면 화학반응을 쉽게 설명할 수 있었다.

하지만 단지 그것만으로 원자나 분자가 존재한다고 증명하기는 불가능하다. 실제로 존재하는 것을 나타내기 위해서는 관찰해야 한다.

19세기 초, 로버트 브라운(Robert Brown)이라는 사람이 화분을 물에 띄워 현미경으로 관찰했는데, 화분에서 나온 미립자가 여기저기로 무작위 하게 움직임을 보인다는 것을 발견했다. 이것을 '브라운 운동'이라고 부른다.

식물학자였던 브라운은 처음에는 생명 현상의 하나가 아닐까 하고 생각했지만, 생명과는 관계없는 화석이나 금속 등의 분말을 물에 띄워도 똑같이 움직이는 것을 발견했다. 즉, 미립자가 무엇으로 이루어졌는지는 상관없이 브라운 운동이 일어나는 원인은 주변을 둘러싼 물 쪽에 있다는 것이다.

물도 물 분자라는 입자의 집합으로 이루어져 있다. 이 물 입자(분자)가 오른쪽에서 충돌하면 화분의 미립자는 왼쪽으로 움직이고, 왼쪽에서 충돌하면 화분 미립자는 오른쪽으로 움직인다. 이것을 불규칙하게 반복하기 때문에 미립자가 여기저기에 존재하는 것이다. 이 발견을 계기로 지금까지는 가설에 지나지 않았던 원자, 분자의 존재에 대해 '아무래도 정말 있나 보다'라고 사람들이 생각하게 됐다.

이 브라운 운동을 계기로 '미립자가 얼마나 돌아다닐까'를 이론적으로 도출하여 수식으로 나타낸 사람이 아인슈타인이다. 그리고 브라운 운동을 정확하게 측정하여 아인슈타인의 이론이 옳다는 것을 확인한 사람이 장 바티스트 페랭(Jean Baptiste Perrin)이라는 물리학자다.

브라운 운동에는 1g당 원자가 몇 개 있냐에 따라 움직임의 정도가 달라진다. 많은 원자가 밀집해있다면 오른쪽에서도 왼쪽에서도 많이 충돌하기 때문에 결국은 그다지 움직이지 않는다. 사람들이 가득 찬 전철 속에서 몸을 움직이기 힘든 것과 마찬가지다. 한편 1g당 원자 수가 적으면 가끔 오른쪽에서 팍 하고 충돌하면 왼쪽으로 움직이고, 가끔 왼쪽에서 팍 하고 충돌하면 오른쪽으로 움직이는 것처럼 움직임이 격해진다.

따라서 움직임의 정도로 1g당 원자의 수를 셀 수 있고, 그렇게 해서 나온 수치가 그 밖의 몇 가지 방법으로 도출된 수치와 같기 때문에 원자가 실제로 존재한다고 받아들여지게 되었다. 페랭은 이 업적으로 나중에 노벨 물리학상을 받았다.

이렇게 해서 원자와 분자의 존재는 당연한 것이 되었지만, 그 그늘에서 원자의 존재를 주장하고 명확한 이론을 세웠음에도 불구하고 불우한 최후를 맞이한 물리학자도 있다. 바로 오스트리아의 루트비히 볼츠만이다.

지금 볼츠만은 '통계역학'이라는 물리학의 한 분야를 개간한 인물로 유명하다. 통계역학이란 모든 물질의 행동을 개개의 원자나 분자의 구체적인 운동을 통해서가 아니라, 여러 입자의 평균적인 성질을 계산한 결과로 도출하는 학문이다. 그는 아직 원자의 존재가 밝혀지지 않았을 때부터 '원자가 있다'라고 확신하고 물체는 원자의 집합이며 기체는 원자가 날아다니고 있는 것이라고 생각했다. 그래서 원자론을 기본으로 통계역학의 이론을 구성했다.

하지만 그의 연구는 너무 앞서갔기 때문에 당시의 과학계에서 원활하게 받아들여지지는 못했다. 그중에서도 노벨화학상을 받은 프레드릭 오스트발트(Friedrich Ostwald)와 초음속 연구로 유명한 물리학자 에른스트 마흐(Ernst Mach)라는 대가가 직접 볼 수 없는 원자를 상정한 이론에 단호히 반대하여 볼츠만은 심한 논쟁을 펼쳤다고 한다. 그 탓인지 그는 정신적인 문제를 겪었고, 마지막에는 스스로 목숨을 끊게 됐다. 페랭이 실험으로 원자의 존재를 증명한 것은 1908년으로 볼츠만이 사망한 지 2년 후다.

지금은 모든 물질이 원자로 구성되어 있다는 것은 누구나가 아는 사실이지만, 원자가 너무 작아 눈에 보이지 않아서 그 존재를 입증하기까지는 오랜 세월이 필요했다.

참고로 원자가 얼마나 작은가 하면 1㎝의 1억 분의 1 정도이다. 이렇게 말해도 얼마나 작은지 실감이 안 나겠지만, 조금 더 말하면 1ℓ의 물을 반으로 나누는 것을 85회 반복하면 드디어 물 분자의 크기가 된다.

이것이 얼마만큼 작냐 하면 지구상에 있는 바닷물을 모두 쌀알로 바꾼다고 상상해보자. 그 쌀 바다 전체에 대한 쌀알 하나의 비율이 1ℓ의 물에 대한 물 분자 하나의 비율과 거의 비슷하다. 원자나 분자가 얼마나 작은지 감이 좀 오는가?

정리

- 원자론은 그리스 시대부터 있었지만, 증명된 것은 20세기에 들어서다.

25 원자를 분해하면 무엇이 될까?

원자가 실제로 존재한다고 알게 됐다면, 다음으로 '원자란 무엇일까'에 대해 관심을 갖게 된다. 이것이 어떻게 밝혀졌는지에 대한 설명은 생략하겠지만, 원자를 더 분해하면 '원자핵'과 그 주변을 돌고 있는 '전자'라는 입자로 나뉜다. 여기서 원자핵을 더 분해하면 '양성자'와 '중성자'라는 입자가 나오고, 나아가 그것의 입자는 '쿼크'라고 부르는 입자로 구성되어 있다.

쿼크에는 여섯 종류가 있는데, 그중에 '업 쿼크'와 '다운 쿼크' 두 종류로 양성자와 중성자로 구성되어 있다. 업 쿼크 두 개와 다운 쿼크 한 개로 양성자가 되고, 업 쿼크 한 개와 다운 쿼크 두 개로 중성자가 된다. 즉, 쿼크가 세 개 모인 것이 양성자와 중성자다.

여기서 '원자가 물질을 구성하는 최소단위이며, 더는 분해할 수 없는 최소 단위가 아니었는가?'라고 의문이 생길지도 모른다. 확실히 예전에는 이렇게 생각했다. 아마 다들 중학교 화학 수업에서는 그렇게 배웠을 것이다. 하지만 현재는 원자를 분해하면 최종적으로는 쿼크에 다다른다는 것을 알고 있다. 이 쿼크야말로 물질을 구성하는 근원이며 더는 분해할 수 없는 최소단위 중 하나다.

'하나'라고 쓴 것은 다른 것도 있기 때문이다. 원자를 구성하고 있는 또 다른 요소인 '전자'도 더는 분해할 수 없다. 쿼크나 전자처럼 더는 분해할 수 없는 입자를 '소립자'라고 부른다.

물을 예로 생각해보자. 물은 물 분자의 집합이며, 물 분자는 'H2O'이기 때문에 수소 분자와 산소 분자로 구성되어 있다. 수소 원자핵은 하나의 양성자로 구성되어 있고, 산소의 원자핵은 여덟 개의 양성자와 여덟 개의 중성자로 구성되어 있다. 그리고 양성자와 중성자는 앞서 말한 대로 각각 세 개의 쿼크의 집합이다.

이렇게 분해해가면 모든 물질이 이루는 부품은 같

다. 단, 부품의 수와 조합이 다를 뿐, 즉 양성자와 중성자 수와 조합이 다를 뿐이다.

세상에 있는 쿼크나 전자라는 미립자는 각각 모두 완전히 같은 성질을 가지고 있다. 수소의 원자핵에 있는 양성자를 구성하고 있는 업 쿼크도, 산소의 원자핵에 있는 양성자를 구성하는 업 쿼크도 완전히 똑같다. 단지 장소가 다를 뿐이다.

분자 · 원자 · 소립자

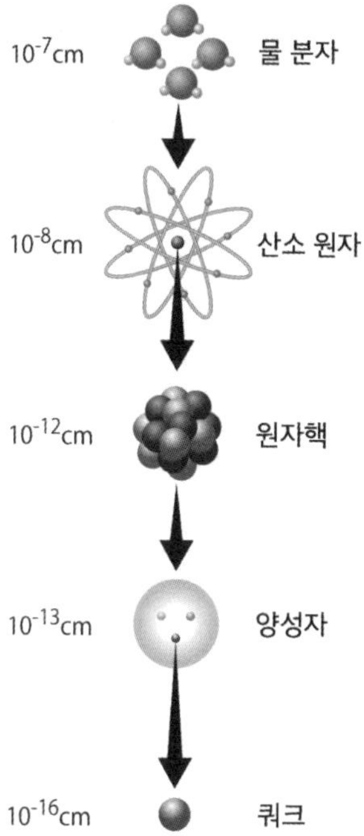

10^{-7}cm 물 분자

10^{-8}cm 산소 원자

10^{-12}cm 원자핵

10^{-13}cm 양성자

10^{-16}cm 쿼크

미립자는 모두 같아 개성이 전혀 없다는 사실을 나타내는 간단한 실험이 있다. 한가운데에 칸막이가 있는 상자 속에 업 쿼크든 전자든, 같은 종류의 미립자를 두 개 무작위 하게 투입한다고 하자. 상자에 넣는 방법은 몇 가지가 있으며 어떤 확률로 나타낼 수 있을까?

평범하게 생각하면 오른쪽에 두 개 모두 넣는 경

우, 왼쪽에 두 개 모두 넣는 경우, 좌우에 각각 하나씩 넣는 경우가 있고, 마지막으로 하나씩 넣는 경우에는 A를 오른쪽에, B를 왼쪽에 넣는 경우와 A를 왼쪽에, B를 오른쪽에 넣는 두 가지 경우가 있기 때문에 전부 네 가지가 된다. 그리고 네 가지의 방식은 각각 4분의 1의 확률로 발생한다.

하지만 미립자의 경우 A와 B라는 구별이 없기 때문에, 넣는 방법은 세 가지밖에 없다. 게다가 이 세 가지 방식은 각각 3분의 1의 확률로 발생한다. 신기하게 생각할지도 모르지만 이 결과가 미립자는 완전히 같다는 것을 의미한다.

그렇기 때문에 완전히 같은 '부품'으로 구성되어 있음에도 불구하고 양성자가 하나라면 수소가 되고, 양성자가 두 개, 중성자가 두 개라면 헬륨이 되며, 양성자가 세 개, 중성자가 네 개라면 리튬이… 이처럼 '부품'의 조합 방법에 따라 전혀 성질이 다른 원자(원소)가 된다.

정리

- 세상의 모든 물질은 쿼크와 전자로 구성되어 있다.
- 쿼크 세 개가 모이면 양성자, 중성자가 되며 양성자와 중성자의 조합으로 다른 원자가 된다.

26 쿼크와 쿼크, 양성자와 중성자는 어떻게 붙어 있는가?

'원자를 분해하면'이라는 말을 반대로 살펴보면, 쿼크가 세 개 붙어 있으면 양성자나 중성자가 되고, 양성자와 중성자가 몇 개 붙어 원자핵을 만들고, 원자핵과 전자가 붙어서 원자가 된다. 그렇다면 세 개의 쿼크, 양성자와 중성자, 원자핵과 전자는 어떻게 붙어 있을까?

우선 원자핵과 전자가 붙어 있는 이유는 전자기력이다. 양성자는 플러스, 중성자는 중성이기 때문에 원자핵은 플러스 전하를 띤다. 한편 전자는 마이너스의 전하를 가지기 때문에 플러스와 마이너스가 되어 서로 끌어당긴다. 또한 원자와 원자를 결합하여 분자를 만드는 것도 전자기력이다.

하지만 원자핵 중에서 양성자와 중성자, 세 개의 쿼크를 결합하고 있는 것은 전기가 아니라 다른 힘이다. 바로 2장에서도 소개한 '강력'이다. 이 강력은 전기의 힘(전자기력)의 100배나 강한 힘이다.

강력의 정체는 힘을 이어주는 소립자 '글루온'이다. 글루온이 왔다 갔다 하면서 힘을 미치게 하여 세 개의 쿼크가 결합해 양성자나 중성자를 구성하고, 양성자와 중성자가 결합하여 원자핵을 만든다.

이렇게 들어도 잘 이해가 안 갈 것이다. 입자가 왔다 갔다 하며 잡아당겨 결합한다고 해도 우리가 알고 있는 세계에서는 물체와 물체 사이를 왔다 갔다 하여 물체가 미는 경우는 있어도 끌어당기는 경우는 없다. 하지만 소립자의 세계에서는 우리의 경험과는 다른 것이 일어난다(소립자의 세계를 기술하는 양자론에 대해서는 7장에서 설명하겠다).

덧붙여 말하면 전자기력으로 플러스와 마이너스가 끌어당기는 것은 빛의 입자(광자)가 왔다 갔다 하여 힘을 미쳤기 때문이라는 사실을 양자론으로 알게 됐다.

정리

- 쿼크와 쿼크, 양성자와 중성자를 결합하는 것은 글루온이 전달하는 강력이다.

27 소립자는 어디에서 왔을까?

세상에 있는 모든 물질은 원자로 구성되어 있고, 그 원자가 쿼크나 전자라는 소립자로 구성되어 있다면, 그 소립자는 어디에서 왔을까?

답은 '우주가 생성된 직후부터 있었다'이다.

우주 초기, 0.00001초 정도의 사이에 소립자가 뿔뿔이 흩어져 우주 전체에 가득 차게 됐다. 업 쿼크나 다운 쿼크, 전자, 글루온, 빛의 입자인 광자라는 한정된 종류의 소립자가 거의 균일하게 뒤죽박죽이 되어 우주 공간에 가득 찼다.

이 무렵의 우주는 온도가 매우 높았는데, 우주가 시작되고 0.00000000001초 후의 온도는 섭씨 1000조도 정도였고 0.00001초 후에는 섭씨 1조도 정도로 엄청나게 뜨거웠다. 그리고 우주가 시작되고 0.00001초 이후가 되면서 우주가 팽창하여 온도가 서서히 내려가고 쿼크가 세 개씩 모여 양성자와 중성자가 만들어졌다.

우주가 시작된 지 4분 정도가 지나면 온도는 8억도 정도가 됐고, 머지않아 제각각 존재하고 있었던 양성자와 중성자가 결합해 원자핵이 생성됐다. 이때 중성자의 대부분은 헬륨의 원자핵(양성자와 중성자가 두 개씩)이 됐고, 남은 양성자는 그대로 수소 원자핵(양성자가 하나)이 됐다.

우주가 시작되고 나서 몇 분이 지난 이후의 세계는 수소 원자핵과 헬륨 원자핵, 전자, 중성미자, 광자가 주된 구성요소였고 이 밖의 원자핵은 정말 조금 밖에 없었으며 그 입자는 거의 똑같이 공간에 존재했다.

얼마간은 원자핵과 전자는 각각 돌아다녔지만, 우주 연령이 30만~40만 년 무렵이 되자 수소와 헬륨 원자핵에 전자가 붙게 되어 중성(전하가 플러스 마이너스 제로)의 물 분자나 헬륨 원자가 생성됐다. 이렇게 되자 우주 공간에 자유롭게 돌아다니는 전자가 거의 없어지게 됐고, 빛은 전자에 방해받지 않고 똑바로 진행할 수 있게 되어 그 무렵에는 우주 공간을 먼 곳까지 볼 수 있게 됐다. 이것을 '우주의 맑게 갬'이라고 부른다.

처음 이야기로 돌아가 보자. 지금 있는 쿼크나 전자라는 소립자는 어디에서 왔느냐에 대한 이야기다. 서두에서도 말한 대로 우주가 생성된 직후부터 있던 것이 지금도 변함없이 존재하고 있다.

우주의 초창기와는 달리 쿼크 단독으로 존재하는 것은 아니다. 양성자나 중성자라는 형태로 존재할 수는 있지만, 쿼크를 하나만 빼낼 수는 없는데 쿼크 자체는 불멸이며 우주가 생성된 직후부터 그 수는 변함없다. 업 쿼크와 다운 쿼크가 자리바꿈하는 경우는 있어도 쿼크가 생성되거나 사라지는 경우는 없고 우주 전체의 쿼크의 수는 일정하게 유지되고 있다.

바꿔 말하자면 지금 있는 우주를 구성하고 있는 쿼크 전부가 처음의 점과 같은 우주 속에 이미 있었다. 매우 꽉꽉 결합하기 때문에 너무나도 가까워서 양성자나 중성자라는 단위가 아니라 쿼크 단독으로 우주 전체에 가득 차 있었다. 이 무렵의 우주를 '쿼크 수프'라고 부른다. 우주의 초기는 마치 쿼크로 만들어진 수프와 같은 모습이었다.

정리

- 지금 존재하는 쿼크는 모두 우주가 생성된 직후부터 존재하는 것이다.

28 우주가 끝날 때까지 불멸일까?

지금 존재하고 있는 쿼크가 우주가 시작되고 나서부터 있었다고 한다면 다음으로 드는 의문은 쿼크는 앞으로 우주가 끝날 때까지 계속 존재할까 하는 것이다. 지금으로서는 파괴되지 않을 것이라고 여겨진다.

하지만 우주가 생성된 지 아직 138억 년밖에 지나지 않았다. 100년 정도밖에 살지 못하는 우리에게 있어서 138억 년이라는 시간은 터무니없을 정도로 긴 시간처럼 느껴지지만, 우주 연구를 하고 있으면 1조 년이라는 시간이 친숙해진다

예를 들어 어두운 별은 1조 년 정도 계속 빛나고 있다거나 우주가 확장하는 속도가 1조 년 전에는 매우 빨랐다는 등 1조 년이라는 단위가 꽤 나온다. 게다가 지구가 탄생한 것이 46억 년 전으로, 그 무렵에 생명도 바로 생겨났기 때문에 생명의 역사가 40억년 정도인데, 우주의 역사가 그 세 배 정도밖에 안 된다는

것은 너무나 짧은 게 아닌가 생각이 든다

아직 138억 년밖에 지나지 않았기 때문에 그 열 배, 백 배의 세월이 지났을 때 무슨 일이 일어날지는 모른다. 어떤 일이 138억 년의 역사 속에서 일어나지 않았다고 앞으로도 계속 일어나지 않을 것이라고는 할 수 없다. 혹시 쿼크가 파괴되는 경우가 있을지도 모른다.

소립자는 아니지만 쿼크가 세 개 모여 강력으로 묶여 있는 양성자도 매우 안정되어 있어 내버려 둬도 파괴되는 일은 없다. 참고로 중성자 쪽은 원자핵 속에 두면 안정되지만, 단체로 두면 15분 정도 있으면 붕괴하고, 전자를 방출하여 양성자로 바뀐다. 더욱이 중성자와 양성자가 서로 전환하는 경우는 있지만, 새롭게 생성되는 경우는 없다.

그렇기 때문에 양성자와 중성자를 합한 수도 우주의 초기부터 변하지 않는다. 앞으로도 변하지 않을 것이라고 생각하지만, 이론상으로 양성자나 중성자가 파괴되어 전자와 빛이 될지도 모른다는 가설도 있다. 이것을 검증하는 것이 2장에서도 소개한 '카미오칸데'다.

양성자가 안정되어 있고 파괴되지 않는다는 것은 수명이 길다는 의미다. 우주의 연령보다도 수명이 길다면 영원히 파괴되지 않지 않을까 하고 생각하지만, 불멸인 것은 아니고 단순히 우주의 연령보다 훨씬 오랜 수명을 가진 것일 뿐일지도 모른다. 만약 수명이 유한하다고 한다면 예로 평균적으로는 우주 연령보다 훨씬 오랜 수명이라고 해도 많이 모여 있으면 그중에서는 마침 지금 파괴되는 것이 있을지도 모른다. 그래서 대량의 물을 준비해서 그중에서 양성자가 파괴되는 현상을 관찰하려는 목적으로 만들어진 것이 카미오칸데다. 하지만 양성자의 파괴는 아직 관측되지 않았다. 그렇다는 것은 양성자의 수명은 영원할지도 모르고 유한하다고 해도 검증할 수 없을 정도로 충분히 길다는 의미다. 적어도 우주 연령을 훨씬 뛰어넘어 10의 서른몇승 년이 지나도 파괴되지 않는다고 알고 있다.

우리가 사는 세계에서는 형태가 있는 것은 언젠가 없어지지만, 우리의 형태를 만들고 있는 근본은 앞으로도 영원히 존재할 것이다.

정리

- 쿼크의 수도 양성자와 중성자의 합계도 아마 앞으로 영원히 변하지 않을 것이다.

29 우리는 죽으면 어디로 갈까?

인간의 평균 수명이 매년 증가한다고 해도 아직 100년이 안 된다. 우리는 명이 다하면 화장되어 몸을 구성하고 있던 산소나 탄소, 수소, 질소 등이 기체가 되어 지구에 흩어진 뒤 다른 생물에 들어가서 어딘가에서 재활용된다. 이른바 윤회다.

원자는 핵융합(가벼운 원자핵끼리 붙어 무거운 원자핵으로 바뀌는 것)이나 핵분열(무거운 원자핵이 두 개 이상의 원자핵으로 분리되는 것)이 일어나면 다른 원자가 되기 때문에 원자의 종류는 바뀌지만, 원자를 구성하고 있는 근본은 바뀌지 않는다. 예를 들어 핵폭탄으로 인해 대량의 방사능이 누출되어 분자나 원자의 결합이 파괴돼도 원자핵 속에 있는 양성자나 중성자가 파괴되지는 않는다. 이것을 만드는 쿼크에도 아무런 영향이 없다. 즉, 불로불사다.

그렇기 때문에 지금 우리의 몸을 만들고 있는 원자

나 양성자, 중성자, 쿼크에도 장대한 역사가 있고, 기원을 더듬으면 태양계의 어딘가를 떠다니고 있을 것이다. 공룡의 몸속에 있던 시기가 있을지도 모르고 해저에 고요히 가라앉은 돌의 일부였을지도 모른다.

단, 그 역사의 끈을 푸는 것은 불가능하다. 지금 눈앞에 있는 원자가 어떻게 변해왔는지에 대한 정보는 전혀 알 길이 없다. 앞서 말한 대로 세상에 있는 쿼크나 전자라는 소립자는 모두 같은 성질을 가지고 있다. 무(無)개성이다. 보고 구분할 수 없기 때문에 그 변화를 더듬어가는 것도 불가능하다.

하지만 우주가 생성된 무렵에 떠다니던 쿼크가 태양계 안을 방황하다가 지구에 왔고, 무슨 연인지 우리의 몸을 구성하는 일부가 됐고, 사후에도 어딘가에서 재활용된다고 생각하면 뭉클하기 그지없다.

정리

- 우리의 몸은 죽고나면 분자나 원자로 돌아가 재활용된다.
- 지금 우리를 구성하는 원자, 쿼크도 전에는 어딘가에서 다른 물질을 이루었다.

30 의식은 어디에서 만들어졌는가? — 인공지능이 진화하면 의식을 가질까?

모든 것은 입자로 구성되어 있다는 것이 5장의 제목이다. 이 세계는 모두 원자로 구성되어 있고 그 원자는 모두 소립자로 구성되어 있다. 이것은 우리 인간도 예외가 아니다. 그렇다면 우리의 의식은 어디에서 만들어진 것일까?

결론부터 말하자면 이 문제는 물리학으로는 밝혀낼 수 없다. 물리학에서도 의식은 중요한 요소 중 하나다. 특히 7장에서 소개하는 양자론에서는 인간의 의식을 무시하고서 세상을 바라보는 것은 불가능하다. 하지만 '의식이란 무엇인가'라는 물음에 아직 아무도 답을 내리지 못했다.

뇌는 전기 신호를 교환할 수 있어 다양한 정보 처리를 한다. 만약 의식의 정체도 전기 신호라면 컴퓨터상에서도 데이터를 만들어 낼 수 있을 것이다. 하지만 어떤 것을 생각할 때 뇌의 어느 쪽에서 전기신호가 활발해지는지는 알았지만 '의식은 어디에서 만들어졌는가'라는 질문을 답하기에는 아직 갈길이 멀다.

뇌의 신경회로 구조를 컴퓨터상에서 재현하려고 하는 것을 뉴럴 네트워크라고 부르며 인공지능(AI)에도 활용되어 커다란 성과를 거두고 있다. 하지만 인공지능이 진화하여 인간과 완전히 똑같은 수준에 도달하게 됐다고 해도 과연 그것이 의식 있다고 말할 수 있을까?

미래에 컴퓨터가 정말 인간과 완벽히 똑같은 수준으로 진화하게 된다면 거기에 '의식이 없다'라고 말하기는 어렵겠지만, 감각적으로 우리의 의식과는 조금 다른 듯한 느낌도 떨칠 수 없다. 애초에 의식의 정체가 전기신호라면 내가 나일 필요성이 없어져 버린다.

그렇다면 내가 나라는 의식은 어디에서 오는 것일까? '연속된 기억을 가지고 있기 때문에'라고 생각할 수 있지만, 그렇다면 이것이야말로 컴퓨터상에서 정보를 옮겨 담을 수 있는 것이라면? 여기에는 내가 있는 것일까?

뇌의 모든 정보를 컴퓨터상에서 복사하여 나라는 의식을 가진 존재가 나타난다면, 가상세계에서 영원한 생명을 얻을 수 있게 된다. 실제로 가상 세계가 좋아 컴퓨터상에서 살고 싶다고 말하는 연구원도 있다.

하지만 만약 뇌의 정보를 두 군데로 옮겨 담는다면? 자아가 분열하여 두 개의 다른 인생을 살게 되는 것일까?

지금 생각한다 해도 답은 나오지 않겠지만 생각하면 생각할수록 무서워진다.

정리

- 의식은 물리학에서도 중요하지만 그 정체는 모른다.
- 의식의 정체가 전기신호라면 가상 세계에서 영원한 생명을 얻을 수 있을지도 모른다.

6장

시간은 언제나 일정할까?
— 상대성 이론을 생각하다

31 GPS가 맞는 이유는 상대성 이론이 옳기 때문이다?

시간은 과거에서 미래로 누구에게나 똑같이 진행되고, 공간은 언제나 우리를 뒤덮듯이 거기에 존재한다. 이것이 많은 사람들에게 당연하게 느껴지는 감각이다. 하지만 이 당연한 감각이 실은 오답이라는 것을 나타내는 이론이 알베르트 아인슈타인이 내세운 '상대성 이론'이다.

시간과 공간이 누구에나 공통의 절대적인 것이 아니라, 보는 사람이나 입장에 따라 다르다는 것이 상대성 이론이다. 저마다 감각이 달라서 상대성 이론을 믿지 않은 사람도 꽤 존재했고 '상대성 이론은 틀렸다'라고 주장하는 책도 20년 전까지는 많이 나왔다. 아마 당신도 시간이나 공간이 상대적이라는 주장은 쉽게 받아들이기 힘들 것이다.

그렇다면 스마트폰이나 내비게이션의 GPS 기능을

떠올려보자. GPS란 '글로벌 포지셔닝 시스템(Global Positioning System)'의 약자로, 위성 전파를 사용하여 내가 현재 있는 장소를 알려주는 시스템이다.

스마트폰을 움직이면 지도상의 자신의 위치도 시시각각 변화하기 때문에 처음 방문한 장소도 길을 잃지 않고 찾아갈 수 있다. 편리한 도구라서 사용하는 사람이 많다.

이 GPS를 사용한다는 것은 이미 상대성 이론을 활용하고 있다는 의미다. 왜냐하면 GPS가 바르게 기능하는 이유는 상대성 이론이 틀리지 않았다는 증거이기 때문이다. 무슨 의미인지 알아보기 위해 우선은 GPS의 구조부터 살펴보자.

GPS용 인공위성 여러개가 지구 주변을 돌면서 위치정보와 시각 정보를 전파로 발신하다. 이 전파를 스마트폰이나 내비게이션에 탑재된 GPS 수신기로 받아 전파를 발신한 시각과 수신한 시각의 차로 전파가 도달할 때까지 걸린 시간을 계산한다. 이후 '속도×시간=거리'라는 단순한 계산을 사용하여 GPS 위성에서 자신이 있는 장소까지의 거리를 계산한다.

▍GPS의 구조

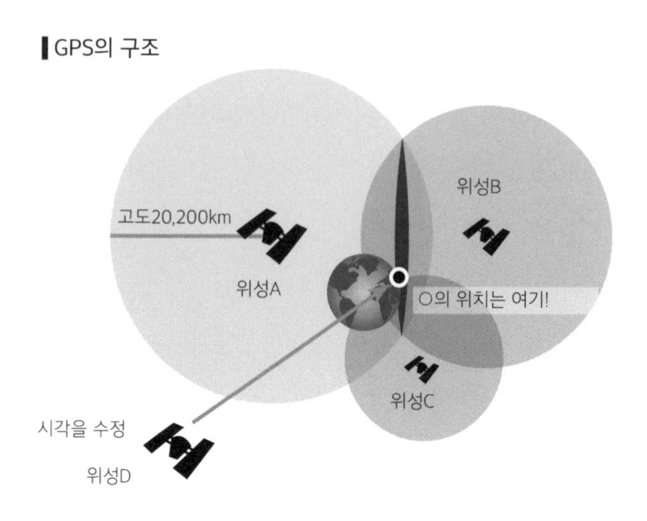

단, 하나의 GPS 위성에서의 거리만으로는 '이 지면에 있다'라는 정보밖에 모른다. GPS 위성이 두 개 있으면 구면과 구면이 교차하는 '원의 어딘가에 있다'라는 정보가 되고, GPS 위성이 세 개 있으면 세 개의 구면이 교차하는 점이 정확히 결정된다.

이로 인해 원리적으로는 세 개의 GPS 위성의 정보가 있으면 되지만 GPS의 경우 정확성이 매우 중요하다. 조금 전 '속도×시간'이라는 단순한 계산으로 거리를 구한다고 했지만, 전파의 속도는 빛과 마찬가지로 초속 30만 킬로미터이기 때문에 아주 약간 어긋나도 커다란 오차가 생긴다. 그렇기 때문에 극히 정확한 정보가 필요하다.

GPS 위성에는 '원자시계'가 탑재되어 있는데, 원자시계는 300억 년에 1초의 오차만 있을 정도로 정확하다. 문제는 수신 측의 시계다.

참고로 원자시계의 구조도 간단히 알아보자. 원자는 정해진 파장의 빛만 방출한다. 1초 동안에 몇 번 진동하는지는 원자의 종류에 따라 결정되어 있기 때문에 원자에서 방출된 빛의 진동을 정확하게 세면 매우 확실하게 1초가 지나감을 알 수 있게 된다.

단, 진동을 정확하게 세는 것이 어렵기 때문에 원자 자체는 극히 작은 것임에도 불구하고 원자에서 나온 빛을 측정하기 위한 장치는 몇 미터 정도로 엄청난 크기가 되어 버린다.

어느 쪽이든 이 원자시계를 탑재하고 있어서 GPS 위성의 시각 정보는 매우 정확하지만 수신 측의 시각 정보는 오차가 생긴다. 여기서 수신 측의 시각을 바르게 맞추기 위해서 네 개 이상의 GPS 위성에서 전파를 수신하여 위치를 측정하고 있다.

여기까지가 GPS의 기본적인 구조인데 GPS에서는

더욱 오차를 없애기 위해서 다양한 보정을 하고 있다. 예를 들어 대기의 상태에 따라 전파의 진행 속도가 바뀐다던가, 지구는 구체처럼 보여 원심력으로 조금 부풀어있기 때문에 인공위성도 완전한 원은 아닌 궤도를 그리고 있다는 등 다양한 조건을 고려한 뒤 정확한 거리를 계산하고 있다. 이 다양한 조건 중 하나가 상대성 이론이다.

상대성 이론에는 움직이는 것의 시간은 느리게 간다라는 '특수 상대성 이론'과 중력이 작용하면 시공간이 왜곡돼 시간이 느리게 간다라는 '일반 상대성 이론' 두 종류가 있다. GPS는 정확한 거리를 계산해내기 위해 이 양쪽의 이론을 응용한다. 이 두 가지 상대성 이론에 대해서는 이다음에 설명하겠다

정리

- 아주 약간의 어긋남이 커다란 오차를 만들어내는 GPS에서는 '정확한 시간'이 매우 중요하다.
- GPS에는 상대성 이론을 응용하여 시각을 보정하고 있다.

32 '특수 상대성 이론'이란 무엇인가?

특수 상대성 이론도 일반 상대성 이론도 아인슈타인이 주장한 이론이다. 모두 그가 스스로 이 기본적인 생각의 토대를 쌓아 올렸다.

시간이나 공간은 관측자에 따라 다르게 보인다. 즉, 상대성이론이라는 얼핏 들으면 이해하기 힘든 이론을 도출한 계기는 '빛'이었다.

빛은 파동의 일종이다. 일상생활에서 빛은 단지 직진하는 것처럼 느껴질지도 모른다. 그것은 빛의 파장이 극히 짧기 때문이다.

1864년에 제임스 클러크 맥스웰(James Clerk Maxwell)이라는 물리학자가 빛은 전자파라는 파의 일종임을 증명했는데, 그때 커다란 의문을 불러일으켰다. 빛이 파동이라면 파동을 전달하는 물질이 있을 것이다. 예를 들어 수면의 파동은 물이 전달한다. 소리도 음파라는 파동으로 공기가 진동하면서 전달한다. 하지만 빛의 파동을 전달하는 것은 찾지 못했다.

빛은 진공 속에서도 전달된다. 이해하기 쉬운 것이 태양빛이다. 태양빛은 공기가 없는 우주 공간을 통과하여 우리가 사는 지표면에 도달한다. 한편 소리는 진공에서는 전달되지 않기 때문에 태양의 표면에서 폭발이 일어나도 그 소리가 지구에 도달하지 않는다.

당시의 물리학자들은 '진공 속에서도 빛을 전달할 수 있는 무언가의 물질이 있는 것은 아닐까' 하고 생각해, 그 정체불명의 물질에 '에테르'라고 이름을 붙이고 무섭게 정체를 파헤치기 시작했다.

하지만 에테르가 우주 공간을 가득 채우고 있다고 한다면 그 속에서 자전과 공전을 하는 지구는 항상 에테르가 일으키는 바람의 영향을 받게 된다. 이렇게 되면 에테르의 바람과 같은 방향에서는 빛의 속도가 조금 빨라지고, 에테르의 바람과 반대 방향에서는 빛의 속도가 조금 느려질 것이다. 하지만 아무리 정밀하게 측정해 봐도 빛의 빠르기는 지구의 운동과 관계없이 항상 일정하다. 즉, 에테르가 존재한다고 생각하는 것 자체가 틀린 가설이다.

또한 빛의 빠르기는 관측자가 움직이고 있거나 멈춰 있어도 항상 일정하다. 빛이 나아가는 방향으로 쫓아가면서 측정을 하거나 그 역방향으로 움직이면서 측정을 해도 빛의 빠르기는 초속 약 30만 킬로미터로 일정하다.

상식적으로 생각해보면 빛을 쫓아가면서 측정하면 쫓아가는 속도만큼 빛은 느리게 나아가는 것처럼 보여야 한다. 반대로 빛의 방향과 역방향으로 움직이면서 측정하면 그만큼 빛은 빠르게 나아가는 듯 보여야 한다. 하지만 아무리 실험을 해봐도 이런 결과가 나오지 않았다.

왜 그럴까? 많은 물리학자는 에테르는 존재한다고 생각해 에테르의 바람을 왜 측정할 수 없는가 고민했다. 하지만 젊은 아인슈타인은 '시간과 공간이 고정된 것이다'라는 기존의 상식을 버렸다.

빛의 속도는 항상 변함없다. 속도는 '진행한 거리'

를 '걸린 시간'으로 나눈 것인데 빛의 속도가 누구에게나 초속 30만 킬로미터로 변함이 없다면 시간이나 공간이 관측자에 때라 다르지 않을까 하고 생각한 것이다. 이것이 아인슈타인이 처음으로 주장한 '특수 상대성 이론'이다.

움직이는 사람과 정지해 있는 사람의 시간과 공간

초속 30만 킬로미터로 멀어져가는 빛을 초속 10만 킬로미터로 쫓아가는 로켓이 있다고 하자. 지구상에서 정지해있는 사람이 그 모습을 보면 빛과 쫓아가는 로켓은 초속 20만 킬로미터로 멀어져가는 것처럼 보인다. 하지만 쫓아가는 로켓에 탄 사람에게 빛의 빠르기는 여전히 초속 30만 킬로미터이다. 그것은 초속 10만 킬로미터로 쫓아가는 사람은 정지해 있는 사람과는 다른 시간과 공간을 경험하기 때문이다.

정지해 있는 사람이 움직이는 사람을 보면, 시간이 느릿느릿하게 흘러가는 것처럼 보인다.

또한 정지해 있는 사람이 보기에 움직이는 사람은

나아가는 방향으로 줄어들게 보인다.

좀 더 말하면 '같은 시각인지 아닌지'도 관측자에 따라 변화한다. 어떤 사람에게는 자신과 떨어진 장소에서 발생한 두 가지 사건이 같은 시각에 발생한 것처럼 느껴져도, 움직이는 사람에게는 두 사건이 다른 시각에 일어난 일이 될 수도 있다.

그럴 리가 없다고 생각할지 모른다. 하지만 정지해 있는 사람과 움직이는 사람의 시간과 공간이 어떤 관계인지 조사하는, 이른바 '로렌츠 변환'이라고 불리는 수식을 사용하면 모순 없이 설명할 수 있다.

게다가 고속으로 운동하는 물체의 시간이 천천히 흐르는 것은 높은 고도에서의 실험을 통해 확인이 됐다. 그 결과는 특수 상대성 이론의 예측 그대로였다.

혼란스러운 말일지도 모르지만 정지해 있는 사람에게는 상대가 움직이고 있어도 그 상대가 본다면 정지해 있는 사람이 멀어져가기 때문에 그 사람이 움직이고 있는 것처럼 보인다. 이렇게 되면 다시 기묘한

▌늘어나고 줄어드는 시간과 공간

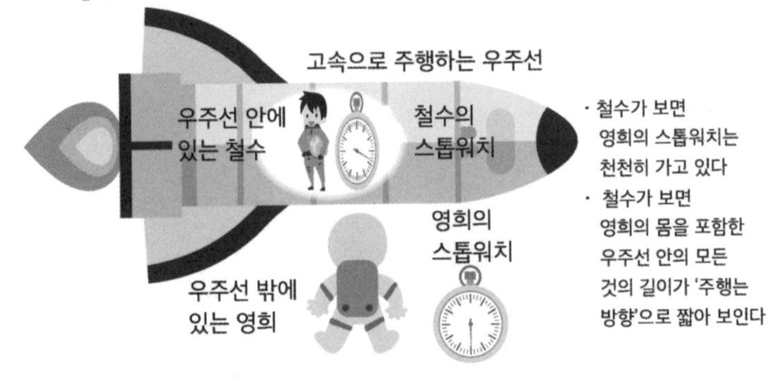

결론이 도출된다.

정지해 있는 사람에게 움직이는 사람의 시간은 느리게 보인다고 했는데, 움직이는 사람에게는 정지해 있는 사람이 움직이고 있는 것처럼 보이기 때문에 상대의 시간이 느리게 보인다. 즉, 서로 상대의 시간이 느리게 보인다.

어느 쪽의 시간이 맞을까? 어느 쪽의 시간이 느릴지 물어보고 싶을지도 모른다. 하지만 양쪽 모두 맞다. 모순이 아니며, 단순히 상대적인 것이다. 맹렬한 속도로 움직인다고 해서 자신의 시간이 느려지고 있다고 자각하지는 못한다. 시간이 느려졌다고 해도 다른 사람이 본 시간이 그렇게 보이는 것일 뿐, 자신이 느끼는 시간에는 아무런 변화도 없다.

정리

- 정지해 있는 사람과 움직이는 사람은 다른 시간과 공간을 경험하고 있다.
- 정지해 있는 사람이 움직이는 사람을 보면 시간이 느리게 가는 것처럼 보인다.
- 정지해 있는 사람이 움직이는 사람을 보면 줄어드는 것처럼 보인다.

33 '일반 상대성 이론'이란 무엇인가?

아인슈타인은 1905년에 특수 상대성 이론을 만들고 10년 후에 '일반 상대성 이론'을 발표했다.

특수 상대성 이론은 일정한 속도로 서로 움직이는 관측자(같은 속도로 움직이는 사람과 정지해 있는 사람) 사이에 어떤 관계가 있는지를 알 수 있는 이론인데, 가속하거나 감속하는 경우는 다루지 못한다. 이것을 어느 때나 적용할 수 있도록 일반화시킨 것이 일반 상대성 이론이다.

이 일반 상대성 이론이 획기적인 이유는 '중력'이라는 힘을 '시간과 공간의 왜곡'으로 설명하였기 때문이다.

일반 상대성 이론이 나오기까지 중력은 뉴턴의 만유인력의 법칙으로 설명되고 있었다. 당신도 그렇게 배웠을 것이다.

하지만 여기서 조금 생각해봤으면 한다. 왜 떨어져

있는 물체 사이에 인력이 작용하는 것일까? 우리는 학창시절 수업 시간에 만유인력의 법칙을 배웠지만, '왜 그런 인력이 작용하는 것일까'에 대해서는 배우지 않았다. 왜냐하면 뉴턴이 아무런 말도 하지 않았기 때문이다.

만유인력의 법칙으로 여러 현상을 설명할 수 있게 됐기 때문에 그 원인에 대해 여러 가설을 세울 필요는 없다. 나는 가설을 만들지 않는다. 뉴턴은 단지 이렇게 말했다고 한다.

여기서 아인슈타인은 상대성 이론이라는 새로운 생각을 바탕으로 만유인력이 어떻게 발생하는지를 생각했다. 그리고 10년 동안 중력을 설명하는 새로운 이론을 완성했다.

일반 상대성 이론에 의하면 중력의 정체는 시공간의 왜곡이다. 즉, 물체가 존재하면 그 주변의 시공간이 왜곡되고 중력이 발생한다.

이렇게 들어도 좀처럼 이해하기 힘들 것이다. 이해를 돕기 위해 자주 언급되는 예가 트램펄린이다. 아무도 타고 있지 않은 트램펄린의 표면은 평평하다. 거기에 커다란 볼링공을 놓으면 볼링공을 중심으로 트램펄린의 표면이 오목하게 들어가고, 주변에 경사가 진다. 여기에 파친코 구슬을 두면 그 파칭코 구슬은 볼링공에 이끌린 것처럼 경사를 따라 내려간다.

다음으로 파친코 구슬 대신에 다른 한 개의 볼링공을 놓으면 어떻게 될까? 이번에는 두 볼링공이 서로 끌어당기듯 가까워진다.

이 트램펄린 표면의 왜곡이 시공간의 왜곡이다. 왜곡된 시공간에 둔 물체끼리는 왜곡된 트램펄린 위와 마찬가지로 인력이 작용하여 끌어당긴다. 그리고 파친코 구슬보다도 볼링공 쪽이 트램펄린의 표면이 오목해지는 것처럼, 시공간도 물체의 질량이 크면 클수록 그 주변의 왜곡이 커진다.

만유인력의 법칙이란, 물체가 주변의 시공간을 왜곡시키기 때문에 그 주변에 있는 다른 물체가 시공간의 왜곡에 노출되어 물체끼리 끌어당긴다고 설명할 수 있다. 즉, 물체끼리 직접 끌어당기는 것이 아니라 시공간의 왜곡을 통해 끌어당기는 것이다.

이런 시공간의 성질은 '리먼 기하학'이라는 수학 이론을 사용하여 정확하게 표현할 수 있다. 리먼 기하학이란 휘어진 시공간을 다루는 수학 이론으로 일반 상대성 이론이 주장되기 전부터 수학자가 생각해냈다. 하지만 당초에는 현실 세계를 나타낸다고는 생각하지 못했다고 한다.

아인슈타인은 오랜 시간 친구였던 수학자 마르셀 그로스만(Marcel Grossmann)에게 리먼 기하학 기초 책을 받아 공부하여 일반 상대성 이론을 완성시켰다.

GPS에 상대성 이론은 어떻게 사용되는가?

GPS에 대한 이야기로 돌아가자. 앞서 언급한 대로 GPS의 시각 보정에는 특수 상대성 이론과 일반 상대성 이론을 모두 응용한다.

우선 GPS 위성은 초속 4㎞ 속도로 움직인다. 이로 인해서 지구에서 보면 약간이지만 시간이 느려진다. 이것은 특수 상대성 이론의 효과다.

또한 지구와 하늘 위에서는 중력의 크기가 다르다.

일반 상대성 이론에 의하면 중력의 정체는 시공간의 왜곡이기 때문에 중력이 크게 작용하는 장소에서는 시공간의 왜곡도 커진다. 시간과 관련하여 말하자면 시간이 느려지는 것이다. 이로 인해 중력이 큰 지구의 표면에서는 하늘 위와 비교했을 때 시간이 느리게 간다.

이 양쪽을 생각하면 중력의 차이에 의한 영향이 커 GPS 위성보다 지구상의 시간 속도가 약간 느려진다. 그렇다고 해도 하루에 100만 분의 몇 초 정도의 차이다. 그래도 초속 약 30만 킬로미터라는 전파의 속도를 생각하면 상당한 거리의 차이가 있기 때문에 GPS에서는 이 차이를 정확하게 계산하여 정확한 거리를 도출한다.

정리

- 중력의 정체는 시공간의 왜곡이다.
- 물체의 질량이 크면 클수록 그 주변 시공간의 왜곡이 커진다.
- 중력이 크게 작용하는 장소일수록 시공간은 왜곡되고, 시간은 느려진다.

34 아인슈타인은 왜 '천재'인가?

시간과 공간은 누구에게나 똑같이 절대적이 아니라 상대적이다. 시공간의 왜곡에 의해 중력이 발생한다는 상대성 이론은, 일반적인 상식과는 다르기 때문에 쉽게 받아들여지지 못했다. 이 일반적인 상식을 완전히 깨부쉈다는 점에서 아인슈타인이 대단하다고 할 수 있다.

그가 일반 상대성 이론을 발표한 당시, 이 이론을 이해한 과학자는 세계에 몇 명밖에 없었다는 전설이 있을 정도다. 그 진위는 상관없이 기존 상식에 사로잡혀 아무래도 받아들일 수 없는 사람이 많았을 것이다.

일반 상대성 이론은 아인슈타인의 '머릿속'에서 생겨났다. 이것도 그가 천재라고 불리는 이유다.

물리학은 보통, 실험 결과에서 기존의 이론과의 차이를 발견하고 그 차이를 단서로 새로운 이론을 찾아내 발전해간다. 지금까지의 이론으로 설명하지 못하는 실험 결과가 먼저 발생하고 '왜, 이론과 차이가 있는가', '왜, 이런 현상이 발생했는가'를 과학자가 생각하여 새로운 이론을 만들어 낸다. 특수 상대성 이론이 빛의 속도가 항상 일정하다는 관측 결과를 계기로 생겨났다는 점에서는 평범한 물리학 발전 프로세스를 따르고 있다.

하지만 아인슈타인이 일반 상대성 이론을 생각해냈을 때는 뉴턴의 만유인력의 법칙으로 설명할 수 없는 기존 이론과의 차이가 현실에서 발견되지는 않았다. 일반 상대성 이론이 아니라면 어떻게 해도 설명할 수 없는 관측 결과가 있었던 것은 아니다.

물체와 물체 사이에 아무것도 없는데 왜 인력이 작용하느냐는 소박한 의문이 들자 아인슈타인은 머리를 쥐어짜기 시작했다. 그리하여 시간과 공간이 왜곡되어 있다고 생각하면 앞뒤가 맞는다는 번뜩이는 아이디어로 일반 상대성 이론을 만들어 냈다. 그리고 그것이 정말로 맞는지 확인하기 위해 과학자들이 실험을 했는데, 지금까지의 뉴턴 이론으로는 기존 이론과의 차이가 발생했던 현상이 일반 상대성 이론이 예측하는 그대로 결과가 나왔다.

보통과는 반대의 프로세스로 일반 상대성 이론이 생겨났다. 그렇기 때문에 역사상 수많은 물리학자들 사이에서도 지금까지 아인슈타인은 특별한 인물로 여겨진다. 천재라고밖에 할 수 없는 탁월한 번쩍임의 소유자였다.

정리

- 물리학자는 기존의 이론과 현실과의 차이를 실마리로 발전시켜 간다.
- 아인슈타인은 일반 상대성 이론을 머릿속에서 구상한 뒤, 차이를 찾아냈다. 번뜩이는 천재다.

35 시공의 왜곡을 어떻게 증명했을까?

여기서 시간과 공간이 왜곡되어 있다는 일반 상대성 이론이 맞는지를 현실적으로 어떻게 증명했을지 의문일 것이다. 우리가 평소 생활하는 와중에는 시공의 왜곡을 경험하는 경우는 없다. 그렇다면 어떻게 증명했을까?

일반 상대성 이론에 의하면 중력이 작용하는 장소에서는 시공간이 왜곡되기 때문에, 빛이 그곳으로 나아가면 진로를 약간 바꾸게 된다. 이 현상을 태양의 가장자리를 스쳐 지나가는 별을 관측하여 확인했다.

별빛이 태양의 가장자리를 스쳐 지나가 지구까지 도달하는 경우, 태양의 중력에 의해 태양 주변의 시공간이 왜곡되어 빛이 태양에 끌어당겨지듯이 조금 왜곡되어 지구에 도달한다. 지구에서 보면 별의 원래 장소보다도 약간 태양에서 멀리 있는 것처럼 보이게 된다.

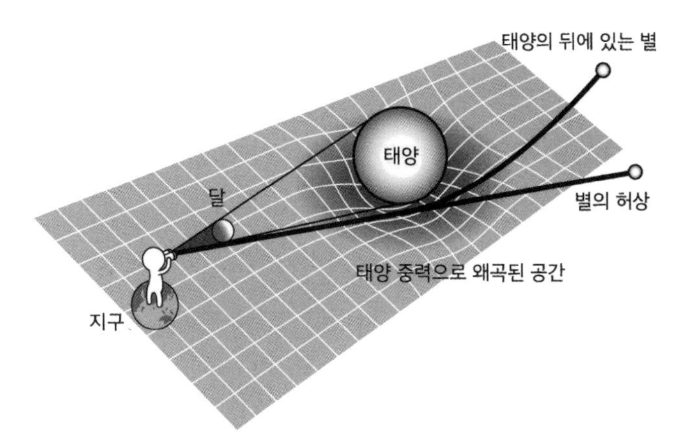

별빛에 비해 태양이 훨씬 밝기 때문에 평소에는 관측하기 힘들지만, 달이 태양을 감추는 '일식' 때는 관찰이 가능하다. 태양 전체가 달에 가려지는 개기일식의 기회를 노려 관측을 했다.

영국의 천문학자 아서 에딩턴(Arthur Eddington)이 이끄는 관측팀이 아프리카의 프린시페섬에서 개기일식 때 실제로 관측을 진행하여 일반 상대성 이론이 예측한 대로 별의 빛이 휘는 현상을 관측했다. 2″(1°=60′=3600″)의 매우 작은 굴절이었다. 당시의 관측 기술로 확인하기엔 매우 아슬아슬한 각도였다고 한다.

참고로 뉴턴의 만유인력의 법칙으로는 무게가 있는 물체에 직접 중력이 작용하므로 무게가 없는 물체에는 힘이 전혀 작용하지 않는다. 빛에는 무게가 없기 때문에 뉴턴의 이론이 옳다면 빛이 태양 근처를 통과해도 진로가 구부러지지 않아야 한다.

단, 뉴턴의 이론에서도 빛은 무한으로 가벼운 입자라고 본다면 일단 빛이 왜곡되는 현상을 예측할 수는 있다. 하지만 그 각도는 일반 상대성 이론으로 예측하는 각도의 딱 절반이며, 실제 관측 결과는 일반 상대성 이론 쪽이 맞았다. 이 관측 결과는 파격적이어서 많은 신문과 잡지에 실렸고 아인슈타인은 일약 세기의 천재로 세상에 알려지게 됐다.

이렇게 해서 일반 상대성 이론이 옳다는 게 증명됐지만, 아인슈타인은 이 관측 결과가 나오기 전에 이미 수성이 태양 주변을 공전할 때의 궤도 운동을 계산하여 일반 상대성 이론이 옳음을 확인했다.

수성은 태양에서 가장 가까이 공전하는 행성이다. 이로써 태양계에 관련해 가장 큰 효과를 거둔 이론은 일반 상대성 이론이다.

뉴턴의 만유인력의 법칙을 사용하여 수성의 궤도를 자세히 계산하면 작긴 하지만 현실의 궤도와 차이가 있다. 여기서 일반 상대성 이론을 사용하여 계산하면 현실과 완전 딱 맞아떨어진다. 이것으로 아인슈타인은 일반 상대성 이론이 옳다고 확인했다는데, 이런 계산을 한 것도 이론을 만든 뒤의 일이다. 그는 이론을 만들 때 데이터를 사용하지 않았다. 다시 말하지만 그는 머릿속에서 이론을 도출한 것이다.

정리

- 시공간이 왜곡되어 있다면 빛도 휜다.
- 태양의 근처를 통과하는 별빛이 휘어 있는 것을 확인하면서 일반 상대성 이론이 옳다는 게 증명됐다.

36 빌딩의 고층부에서는 시간이 천천히 흐른다?

상대성 이론이 옳다고 증명됐어도 받아들이기 힘들다. 그 이유 중 하나는 시공간의 왜곡을 상상하기 어렵기 때문이다. 우리는 3차원까지는 떠올리지만, 4차원부터의 방향은 떠올리지 못한다. 이미지로 생각하지 못해 왜곡을 실감할 수 없기 때문에 시간도 공간도 똑바로 펴져갈 것이라고 믿어버린다.

움직이는 것의 시간은 느리게 진행한다고 해도, 빛의 속도보다도 충분히 느린 운동이라면 상대성 이론의 효과는 매우 적어 뉴턴 역학으로도 충분하다. 우리 주변의 사물의 속도는 신칸센 열차가 시속 300㎞ 정도로, 초속 30만㎞라는 빛의 속도에 비하면 비교할 수 없을 만큼 느리다. 빛의 속도의 수백만 분의 일 정도 밖에 안 되니까 말이다. 비행기(여객기) 역시 시속 900㎞ 정도다.

또한 중력이 작용하는 장소에서는 시공간이 왜곡된다고 해도 당연하지만 일상생활에서 왜곡을 느끼는 경우는 없다. 중력이 강할수록 시공간의 왜곡이 커지지만, 지구 주변 정도의 중력이라면 크지가 않아 지구 부근에서 일어나는 일을 설명하는 정도면 뉴턴 역학으로도 충분하다.

하지만 일상생활 속에서 느끼지 못한다고 우리 주변에 시간이나 공간의 왜곡이 존재하지 않은 것은 아니다. 정밀하게 측정하면 지구상에서도 상대성 이론의 효과를 측정할 수 있다.

예를 들어 같은 빌딩 일층과 옥상에서는 매우 미미하긴 하지만 다른 시간과 공간이 펼쳐진다. 빌딩 일층에 둔 시계는 옥상에 둔 시계보다 미세하게 천천히 흘러간다. 물론 우리가 평소 사용하는 시계로는 계측할 수 없을 정도로 미미한 차이다. 하지만 원자시계를 사용하면 미미하긴 하지만 시간의 속도가 다른 것을 확인할 수 있다.

구체적으로 어느 정도의 차이냐면 634m의 도쿄

스카이트리의 꼭대기와 지상은 하루에 100억분의 1초 정도 차이가 난다. 즉, 100억일이 지나면 드디어 1초 정도 차이가 나는 것이다.

매우 약간의 차이이기는 하지만, 실제로 차이가 있다는 것을 측정하여 확인할 수 있다. 이로써 다시 한 번 상대성 이론이 옳다는 게 증명된다. 실상 평소 생활에서 느끼지 못한다고는 해도 우리는 왜곡된 시공간 속에서 살고 있다.

정리

- 상대성 이론의 효과로 뉴턴의 이론으로는 설명할 수 없게 되는 것은 빛의 속도와 비슷한 속도로 움직일 때나, 말도 안 되게 강한 중력이 작용하는 경우이다.
- 우리 주변의 시간과 공간도 왜곡되어 있다.
- 건물의 위와 아래, 스카이트리의 위와 아래에는 다른 시간과 공간이 펼쳐진다.

37 블랙홀의 존재는 상대성 이론에서 비롯됐다?

블랙홀은 물리학을 좋아하지 않은 사람도 흥미를 가질만한 주제다. 이전에 물리학 전공이 아닌 대학생들에게 물리학을 가르칠 때면 꼭 블랙홀에 대한 질문을 받았다.

블랙홀이란 매우 무겁고, 너무나 강한 중력 때문에 가까이에 있는 것은 무엇이든 강하게 끌어당겨 빛조차도 외부로 나가지 못하게 하는 천체를 말한다.

질량이 큰 항성(스스로 빛나는 별)은, 최종적으로는 폭발하여 일생을 끝낸다. 무거운 별은 중력이 강하기 때문에 항상 내부에 무너지려고 하는 힘이 작용한다. 내부에서 원자핵 반응 등을 일으켜 외부에 힘이 생기게 만들어 스스로 크기를 유지하는데, 원자핵 반응이 너무 오래가면 연료가 사라진다. 이렇게 되면 점점 무너져 가고, 그래도 어떻게든 지탱하려고 하지만 최종적으로 '더는 유지할 수 없는' 시기까지 오면서 별의 표면이 바삭 하고 한순간에 중심부로 떨어져 폭발한다.

블랙홀은 폭발 후에 남은 천체다. 태양보다 약 25배 이상이나 질량이 큰 항성이 폭발하면, 그 후에 남은 별 조각의 중력이 너무 강해 블랙홀이 된다는 것이 현재 물리학계의 주장이다.

빛조차도 삼켜버리는 블랙홀을 직접 보는 것은 불가능하다. 그렇다면 어떻게 찾았을까? 처음에는 이론이었다. 물리적으로 '이런 것이 있을 것이다'라고 예측했다. 예측을 도출한 것도 상대성 이론이다.

아인슈타인이 일반 상대성 이론을 발표한 1915년에 포츠담 천문대장이었던 독일의 천문학자 카를 슈바르츠실트(Karl Schwarzschild)가 일반 상대성 이론의 핵심인 '물질이 있으면 시공이 어떻게 왜곡될까'를 나타낸 방정식(아인슈타인의 방정식)을 바탕으로 블랙홀이 생성될 가능성을 계산상 처음으로 밝혀냈다.

심지어 일반 상대성 이론이 생겨나기 전에도 블랙

홀과 같은 천체의 존재를 거론하는 과학자도 있었다. 보통 물체를 위로 던지면 지구의 중력 때문에 돌아온다. 그것이 지구의 중력에 구애받지 않고 외부로 나가기 위해서는 초속 11.2㎞ 이상의 속도로 던져야만 한다.

그렇다면 지구보다 훨씬 작고, 더 무거운 천체라면 어떻게 될까? 이 경우 중력이 더 강하기 때문에 더욱 속도를 높여야만 중력의 영향에서 벗어날 수 있다. 빛은 엄청나게 빠르기는 하지만 그 속도는 유한하다. 천체를 작고 무겁게 만들면 빛의 속도보다도 빠르지 않으면 외부로 나갈 수 없게 된다. 혹시 빛이 나오지 못하는 천체가 있지는 않을까 하고 사람들은 생각했다.

하지만 당시는 아무도 빛의 정체를 잘 알지 못했다. 빛이 입자라고 하면 그렇게 생각할 수도 있겠지만 빛이 파동이라고 생각하면 설령 중력이 충분히 강한 천체가 있다고 해도 나올 수 있지 않을까가 공통된 생각이었다. 그래서 일반 상대성 이론이 나오기 전까지는 블랙홀의 존재에 대해 예측은 했지만 그다지 거론되지 않았다.

그런데 일반 상대성 이론이 도출한 블랙홀의 정체는 시공의 왜곡이다. 시간과 공간이 극한까지 왜곡됐기 때문에 블랙홀의 표면에서는 시간이 느리게 가는 것에서 그치지 않고, 외부에서 보면 시간이 멈춰있는 것처럼 보인다. 그리고 블랙홀 내부에서 외부로 나갈 수 있는 시간 축이 존재하지 않기 때문에 한 번 들어간 것은 두 번 다시 나올 수 없다.

시공이 왜곡됐다고 하면 입자도, 파동도 나올 수 없다. 시공간 자체가 왜곡되어 있다면 똑바로 진행해도 블랙홀 속으로 떨어져 버리기 때문이다.

일반 상대성 이론에서 블랙홀이 존재한다는 결론이 도출됐을 때는 반박이 불가했던 터라 과학자들은 블랙홀의 존재에 대해 진지하게 논의를 펼쳤다. 그리고 블랙홀이 있다고 확신하게 된 것은 1970년대에 들어서다.

블랙홀 그 자체를 직접 관측한 사람은 아직 없지만, 블랙홀 정도의 무거운 천체로만 설명할 방법이 없는 천체 현상을 몇 가지 찾아냈다. 나아가 최근에는 우주 관측으로 블랙홀일 것 같은 천체를 몇 개 찾기도 했다(그리고 마침내 2019년 4월에 실제로 블랙홀을 관측하는데 성공하였다. 이로써 블랙홀의 존재는 입증되었다. 역주).

정리

- 블랙홀이란 엄청나게 강한 중력으로 시공이 왜곡된 천체이다.
- 시공 그 자체가 왜곡되어 있기 때문에 빛조차도 외부로 나가지 못한다.

38 블랙홀 끝에는 화이트홀이 있을까?

블랙홀의 중심부에는 '시공의 특이점'이라고 불리는 장소가 있다. 시간과 공간의 왜곡이 무한으로 커져 있기 때문에 현재의 물리학으로는 의미 있는 계산이 불가능하다. 이른바 시공이 갈라진 장소다.

아직은 그 끝이 어떻게 되는지 정확하게 계산할 방법이 없다. 단지 하나의 가능성으로 블랙홀의 출구에 '화이트홀'이 있다는 설이 있다.

화이트홀은 무엇이든 빨아들여 버리는 블랙홀과 반대로 물질을 모두 방출하는 천체다. 하나의 가설로 블랙홀에 떨어진 것이 특이점을 빠져나가 화이트홀로 나오지 않을까 하고 생각한다. 단, 어디까지나 가설이고 정말로 있는지 아닌지는 모른다. 물론 찾지도 못했다.

만약 정말로 화이트홀이 존재한다면 블랙홀과 똑같이 화이트홀이 존재하게 된다. 블랙홀처럼 보이는 것을 여러 개 발견했는데, 화이트홀처럼 보이는 것은 아직 하나도 발견하지 못했다. 그것은 어쩌면 존재하지 않는다는 의미일 수도 있다.

그렇다면 블랙홀에 떨어진 것은 어디로 갈까? 아직 수수께끼로 남아있다.

정리

- 블랙홀의 출구가 어떻게 되어 있는지는 최첨단 물리학으로도 예측 불가능하다.

39 워프도 타임머신도 현실로 되는가?

시간이나 공간이 왜곡됐다고 하면, 떨어진 장소로 순식간에 이동하는 '워프'나 미래나 과거로 이동하는 '타임머신'을 떠올리는 사람도 많을 것이다. 모두 공상과학이라고 생각하지만, 물리학 이론을 연구하는 이론물리학자들 사이에서는 실현 가능성에 대해 진지하게 논의되고 있다.

시간이나 공간이 왜곡됐다고 하는 것은 떨어진 두 지점을 가까이하듯 휘게 만들어 두 지점을 이어주는 터널을 만들면 지름길을 만들 수 있다. 시공간이 2차원 평면이라면 한 장의 종이를 U자로 구부리는 듯한 이미지를 떠올리면 된다. 그리고 그림처럼 가까운 두 지점을 이어주는 터널을 만들면 공간을 워프할 수 있다. 이런 시공을 이어주는 터널을 '웜홀(Wormhole)'이라고 한다.

▌시공간의 평면 이미지

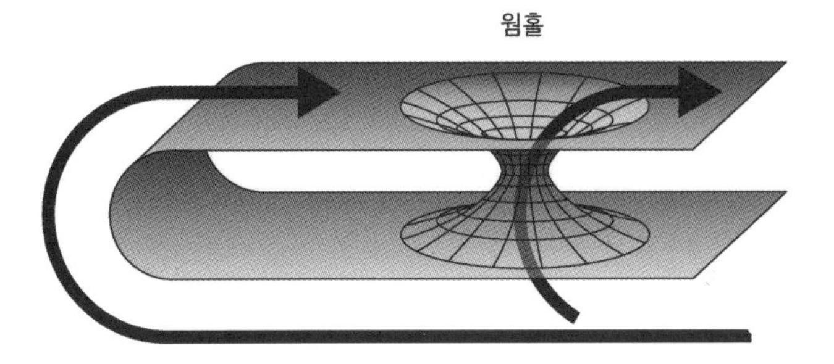

웜홀은 정말로 만들 수 있을까?

이론상의 대답은 '가능하다'이다. 단, 웜홀은 매우 불안정하고 방치하면 바로 망가져 버린다. 또한 휘어짐이 크면 전체에 다른 힘인 중력이 걸리기 때문에 위아래가 쭉 하고 늘어지게 된다. 미묘한 중력을 느끼지 않게 하기 위해서는 휘어짐이 안 느껴지도록 커다랗게 만들어야 한다.

그렇기 때문에 사람이 출입할 수 있는 크기의 터널을 안정적으로 유지시키려면 어떻게 해야 할지가 과제다. 이에 대해 마이클 모리스(Michael Morris)와 킵 손(Kip Thorne)이 답을 제시했다.

그들은 1988년에 웜홀의 잘록한 부분에 마이너스 에너지를 가진 물질을 가득 채워 넣으면 터널을 안정화할 수 있다는 것을 이론상으로 증명했다. 플러스 에너지를 가진 것은 중력을 가지기 때문에, 구멍을 꽉 움츠러지게 한다. 찌그러지지 않게 하기 위해서는 마이너스 에너지로 끌어당길 필요가 있다.

여기서 '마이너스 에너지를 가진 물질은 어떤 것인가'라는 의문이 들 것이다. 우리가 알고 있는 에너지는 모두 플러스다. 그렇기 때문에 '마이너스 에너지를 가진 물질이 있다면'은 일종의 가정법이다. 여기에 어떻게 터널을 만들까, 어떻게 시공간을 휘게 할까 하는 기술적인 문제도 가로막혀 있지만, 적어도 마이너스 에너지를 가진 물질을 찾는다면 이론상으로 웜홀은 실현 가능성이 있고 공간을 워프할 수 있다는 가능성은 부정할 수 없다.

웜홀을 정말 만들었다고 하고 입구와 출구를 같은 시간으로 맞추면 도라에몽의 '어디로든 문'처럼 순간이동을 할 수 있고, 다른 시간으로 나오도록 출구를 만들면 그것은 타임머신이 된다. 이런 웜홀을 만드는 방법도 연구 중이다.

특수 상대성 이론을 떠올려보기 바란다. 초고속으로 움직이는 것은 시간이 느리게 간다는 이론이다. 여기서 웜홀의 출구를 광속에 가까운 속도로 빙빙 움직여 입구 근처로 위치시키면 어떻게 될까?

출구 쪽의 시간 진행은 입구에 있는 사람이 볼 때 느리게 보이기 때문에, 예를 들어 입구 쪽에서는 열 시간이 지났는데 출구 쪽에서는 한 시간밖에 지나지 않은 일이 발생한다. 즉, 웜홀을 통과하면 아홉 시간 전의 세계로 나온다. 출구를 얼마나 빨리 움직이느냐, 얼마만큼의 시간으로 움직이느냐로 몇 년 전의 과거로 나오도록 컨트롤 할 수 있게 된다.

과거로 갈 수 있는 타임머신은 이론상 부정되지 않았다. 일반 상대성 이론에 의해 시간도 공간도 단지 일직선 위에 존재한다고는 할 수 없다는 것을 알게 됐다. 그렇다는 것은 시간의 축을 빙빙 바퀴 그리듯이 미래의 시간을 과거의 시간으로 연결하면, 미래로 시간은 지나고 있는데 어느새 과거로 돌아가는 일이 발생한다. 웜홀을 사용하면 이런 시간 축의 바퀴를 만들어 낼 수 있다.

나아가 웜홀과는 다른 방식으로 타임머신을 만들 수 있지 않을까 하고 진지하게 생각하는 물리학자도 있다. 코네티컷 대학교수인 로날드 말렛(Ronald Mallett)이라는 사람이다.

그는 상대성 이론을 매우 심층적으로 연구하는 학자이다. 열 살 때 그의 아버지가 심장발작으로 사망했다고 한다. 그래서 그는 과거로 돌아가 아버지를 돕고 싶은 마음이 들면서 그때부터 연구원이 됐다고 한다. 이윽고 그는 네 개의 강한 레이저 빛을 조합하여 시간 축을 고리 모양으로 만들 수 있는 방정식을 찾았다. 이것을 응용하면 타임머신을 만들 수 있을지도 모른다는 생각에 실제로 그는 실험 장치를 조립하여 실험을 계속하고 있다.

시공을 휘게 할 정도의 에너지가 필요하기 때문에 테이블 위에서 만든 레이저 빛으로는 에너지가 턱없이 부족하다. 적어도 훨씬 높은 출력의 레이저 빛이 있어야 실현될 수 있다. 하지만 '정말로 과거로 돌아가는 타임머신이 존재해서는 안 된다'라고 증명된 것은 아니다.

정리

- 상대성 이론을 이용하면 워프도 타임머신도 이론상 가능하다.
- 타임머신을 실험하는 연구원이 있다.

7장

의식이 현실을 바꿀까?
— 양자론의 세계

40 빛을 가득 쬐도 피부가 타지 않는데, 왜 자외선으로 피부가 탈까?

가시광선과 자외선은 빛에 속하며, 전자파와 비슷한 부류다. 하지만 피부는 밝은 조명 아래에서 오랫동안 노출돼도 타지 않지만, 자외선을 쐬면 짧은 시간 만에 탄다. 왜 그럴까?

가시광선과 자외선의 차이는 4장에서 언급한 대로 파장의 길이에 있다. 태양빛에는 '빨, 주, 노, 초, 파, 남, 보'라는 다양한 색의 빛이 있는데, 빨간색에서 보라색으로 가면서 파장이 짧아진다. 이 보랏빛보다도 파장이 짧은 빛을 '자외선(자주색 이외의 빛)'이라고 한다. 참고로 가시광선 중에서 가장 파장이 긴 붉은 빛보다도 파장이 긴 빛을 '적외선(적색 이외의 빛)'이라고 하며, 적외선 히터와 같은 온열 기구로 아무리 적외선을 쬐도 살이 타는 경우는 없다.

즉, 파장이 짧은 전자파인 자외선은 살이 타게 하

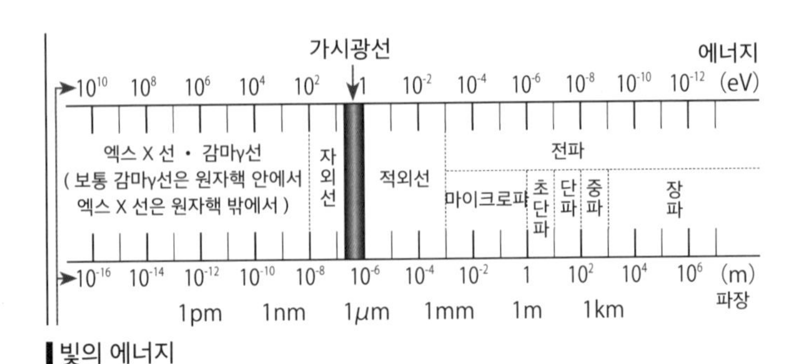

▌빛의 에너지

지만, 파장이 긴 가시광선이나 적외선은 살이 타게 하지 않는다. 이것은 파장이 짧으면 짧을수록 에너지가 크기 때문이다.

여기서 에너지가 작은 가시광선이나 적외선도 장시간 쬐면 에너지의 총량이 커져 자외선과 마찬가지로 살이 타지 않을까 하고 궁금해할지도 모른다.

살이 타지 않은 이유는 자외선도 가시광선도 적외선도 평소에는 파동처럼 움직이지만 물체에 부딪치면 입자처럼 움직이기 때문이다. 이것을 '빛의 양자성'이라고 한다. 그리고 입자 하나당 에너지가 큰 빛은 신체에 부딪혀 관통하여 들어가기 때문에 체내에 영향을 미친다.

엑스레이(X-ray) 검사나 CT 검사를 할 때 사용되는 '엑스(X)선'이나 방사선 치료에 사용되는 '감마(γ)선'의 피폭량이 문제가 되는 이유도 자외선보다 파장이 짧은 전자파이고 입자 하나당 에너지가 크기 때문이다(그렇기 때문에 체내 깊숙한 곳까지 침투하여 치료 도구로 사용할 수 있다).

반대로 적외선은 입자 하나당 에너지가 작기 때문에 신체 표면에 닿으면 정지한다. 그리고 에너지를 받으려고 하기 때문에 신체 표면이 따뜻해진다. 한편 전파는 입자 하나당 에너지가 더 작고 파장도 더 길기 때문에 돌아서 신체를 통과하게 된다.

즉, 살이 타는 현상이 발생할지 말지는 쬐는 에너지의 총량이 아니라 입자 하나당 에너지에 달려있다.

정리

- 빛은 파와 입자 양방의 성질을 가지고 있다(=양자성)
- 파장이 짧은 빛일수록 입자 하나당 에너지가 크다

41 '양자론'이란 무엇인가?

2장에서 물리학이란 세상의 구조를 설명하고 다음에 일어날 일을 예측하는 학문이라고 했다. 우리 주변에서 발생하는 현상은 뉴턴 역학으로 설명할 수 있다. 하지만 빛의 속도와 비슷하게 초고속으로 움직이는 물체나 커다란 중력이 작용하는 장소에서는 뉴턴 역학으로는 설명할 수 없는 일들이 발생한다. 이런 미시세계의 구조를 설명하고 예측하는 것이 아인슈타인의 상대성 이론이다. 그야말로 우주 전체의 움직임은 일반 상대성 이론으로 설명될 수 있다.

그렇다면 양자론은 어떤 세계를 설명하고 예측할까? 바로 분자나 원자, 미립자라는 미시세계의 구조다. 우리의 눈에는 보이지 않은 미시세계에서는 우리의 경험이나 상식으로는 이해할 수 없는 이상한 일들이 발생한다. 그것을 밝혀내는 학문이 양자역학이며 양자역학을 기본으로 하는 연구 전반을 양자론이라고 부른다.

애초에 '양자'라는 말 자체가 생소할지도 모른다. 양자란, 에너지의 최소단위를 말한다. 더는 두 개로 나눌 수 없는 가장 작은 단위다.

이렇게 쓰면 '그건 미립자 아니야?'라고 생각할지도 모른다. 미립자도 더는 분할할 수 없는 최소단위이지만, 미립자의 경우 최소의 '입자'다. 하지만 양자는 입자의 성질과 파동의 성질을 가진 '작은 덩어리, 단위'이며, 모든 미립자는 실은 양자라고 할 수 있다. 입자와 같은 이미지인 전자에도 파동의 성질이 있고, 파동과 같은 이미지인 빛에도 입자와 같은 성질이 있다.

양자란 '파동과 입자의 성질을 모두 가진 덩어리, 에너지의 최소단위'다. 그리고 양자의 움직임을 밝히는 이론이 양자론이다.

정리

- 양자론이란 미립자나 원자, 분자라는 눈에 보이지 않은 미시세계를 설명하는 이론이다.
- 양자란 파동과 입자의 양방의 성질을 가진 최소단위다.

42 '파동이면서 입자이다' — 양자의 기묘한 움직임을 어떻게 알아냈을까?

양자가 파동이면서 입자이기 때문에 알 수 없는 움직임을 한다고 밝혀진 것은 1900년 무렵이다. 계기는 상대성 이론과 마찬가지로 빛이었다.

'빛은 파동인가, 입자인가'라는 문제는 17세기 무렵부터 계속되어 왔다. 빛은 똑바로 나아가기 때문에 입자라고 생각할 수도 있지만, 두 개의 빛이 만나도 부딪혀 반발하지 않고 쓱 하고 빠져나간다는 점을 고려하면 파동이라고 생각할 수 있다. 참고로 뉴턴은 빛은 입자라고 생각했다. 오래도록 답하지 못했던 '빛은 파동인가, 입자인가' 문제에 잠시 답이 나온 듯 보인 시기는 19세기 초 무렵이다.

토머스 영(Thomas Young)이라는 물리학자가 빛이 '간섭'을 일으키는 것을 실험으로 증명했다.

▌빛의 간섭무늬

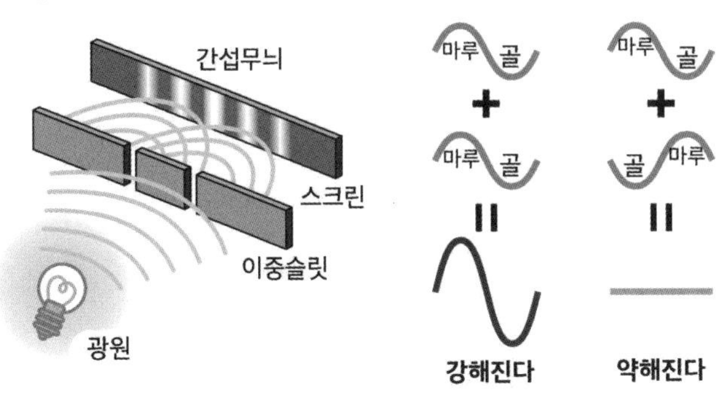

두 개의 슬릿에 빛을 통과시키면 빛의 모양이 어떻게 나타날까에 대한 실험이었다. 만약 빛이 입자라면 두 개의 슬릿을 통과한 빛은 스크린 위에 두 개의 얇은 선 형태로 나타나야 한다.

하지만 결과는 그림과 같이 줄무늬가 됐다. 이것을 '간섭무늬'라고 부른다. 두 개의 슬릿에서 나온 빛이 파동처럼 나아가기 때문에 파동의 마루와 마루, 골과 골이 겹쳐지는 부분에서는 빛의 세기가 증가하고, 마루와 골이 겹치는 부분에서는 파동이 사라져 버려서 밝은 부분과 어두운 부분이 번갈아 나타나 줄무늬가 그려진다.

이것으로부터 '빛은 파동이다'라고 생각하게 됐다.

일단은 이렇게 정리됐는데, 1900년에 막스 플랑크(Max Planck)라는 물리학자가 '빛의 에너지는 흩어져 있다'라고 발표했다. 그전까지 에너지는 연속한다고 생각했다. 즉, 하나, 둘… 하고 셀 수 없는 1.1도 있고 1.2, 1.3…도 있는 연속한 것이라고 생각했다.

하지만 플랑크는 에너지의 최소단위가 존재하고, 그 정수배 값만 나타난다는 것을 발견했다. 그는 그 현상을 흑체방사(모든 파장의 빛을 흡수하는 물체인 '흑체'가 방출하는 열방사)에 대해 연구하다가 알게 됐는데, 자세한 이야기는 생략하기로 하자.

플랑크는 빛 에너지의 최소단위, 즉 '양자'가 존재한다면 흑체방사로 관측된 결과를 설명할 수 있다는 것을 알게 됐지만, '왜, 에너지에 최소단위가 있는가?', '그것은 어떤 의미인가?'는 알지 못했다.

여기에 아인슈타인이 한층 더 해석을 추가했다.

플랑크는 정확하게 말하면 물질을 이루는 입자가 진동할 때 방출할 수 있는 에너지에 최소치가 있다고 가정한 것이고, 아인슈타인은 그것이 아니라 빛 자체의 에너지에 최소치가 있다고 생각했다. 그리고 그 최소단위를 '광양자'라고 했다(현재는 '광자'라고 부른다).

아인슈타인은 이 광양자 가설을 이용해 어떤 한 가지 현상을 설명해 보였다. 바로 19세기가 끝날 무렵 발견한 '광전효과'다.

광전효과는 모든 종류의 금속에 빛을 비추면 빛 에너지를 가진 전자가 튀어나오는 현상이다. 이때 파장이 짧은 빛을 비추면 전자가 격렬하게 나오고 설령 빛이 약하더라도 전자가 나오긴 하는 것에 비해 파장이 긴 빛은 아무리 강한 빛을 비춰도 전자가 나오지 않는다.

만약 빛이 파동이라면 이 현상을 설명하기 힘들다. 애초에 파동은 에너지를 분산하기 때문에 전자를 튀어나오게 할 정도의 에너지를 가지고 있지 않다. 게다가 파장이 긴 빛이라도 강하게(밝게) 비추면 에너지가 커지기 때문에, 광전효과가 발생해야 한다.

아인슈타인은 빛이 광양자라는 입자의 집합이라면

▌광전효과

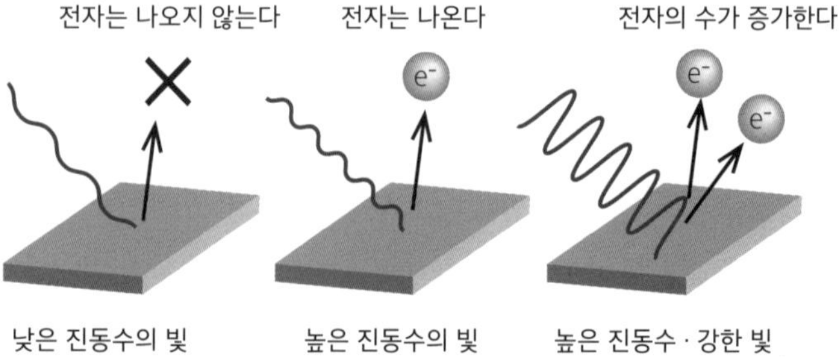

전자는 나오지 않는다 전자는 나온다 전자의 수가 증가한다

낮은 진동수의 빛 높은 진동수의 빛 높은 진동수 · 강한 빛

입자는 에너지가 집중되어 있어서 팍 하고 부딪히면 전자가 나올 수 있다고 생각했다. 또한 파장이 짧은 빛은 진동수가 크고 빛의 입자(광양자)가 가진 에너지가 크기 때문에 전자를 활발하게 나올 수 있게 만들지만, 파장이 긴 빛은 진동수가 작고 광양자의 에너지가 작아서 원자핵과 전자의 결합을 끊기 힘들어 전자는 나오지 않는다고 설명했다.

파장이 긴 빛을 아무리 강하게 비춰도 전자가 나오지 않는 이유는 광양자 하나의 에너지가 전자를 나오게 할 정도로 크지 않기 때문이다. 반대로 파장이 짧은 빛은 광양자 하나가 가진 에너지가 크기 때문에 빛을 약하게 비춰도 전자가 나오게 된다.

이런 점에서 아인슈타인은 '빛은 파동이기도 하지

만 입자다'라고 얼핏 모순된 생각을 내놨다. 이런 생각이 옳다는 것은 7장의 서두, 자외선과 가시광선의 이야기 부분에 썼다.

참고로 아인슈타인이 광양자라는 생각을 이용해 광전효과의 구조를 설명하는 논문을 발표한 것은 1905년이다. 특수 상대성 이론을 발표하기 삼 개월 전의 일이다. 아인슈타인이라고 하면 상대성 이론으로 유명하지만 그가 1921년에 노벨 물리학상을 받은 이유는 광전효과의 연구 덕이다.

정리

- 빛은 간섭을 일으킨다. 그렇다면 빛은 파동이다!
- 빛이 방출하는 에너지에는 최소단위(광자)가 있다.
- 금속에 빛을 비추면 전자가 튀어나오는 이유는 빛이 입자이기 때문이다.
- 즉, 빛은 파동이면서 입자이기도 하다.

---

43 태양광 발전은 어떻게 태양빛을 전기로 바꿀까?

빛을 비추면 전자가 나온다. 참 신기하게 느껴지는 광전효과를 이용한 사례가 우리 주변에 이미 있다.

바로 태양광 발전이다. 태양광 발전은 태양빛의 에너지를 태양전지(솔라 패널)를 사용해 전기 에너지로 변환하는 방식이다.

태양전지는 두 종류의 반도체를 쌓아 만든다. 태양전지에 태양빛을 비추면 광전효과로 한쪽의 반도체(p형 반도체)에서 다른 한쪽의 반도체(n형 반도체)로 많은 전자가 나오게 된다. 전자는 마이너스 전하를 가지고 있기 때문에 전자가 나오는 쪽의 반도체는 플러스 전하를 띠고, 전자를 끌어당기는 쪽의 반도체는 마이너스가 되어 전위차가 발생해 플러스에서 마이너스로 전기가 흐르게 된다.

태양광 발전에서는 이렇게 전기를 얻고 있다.

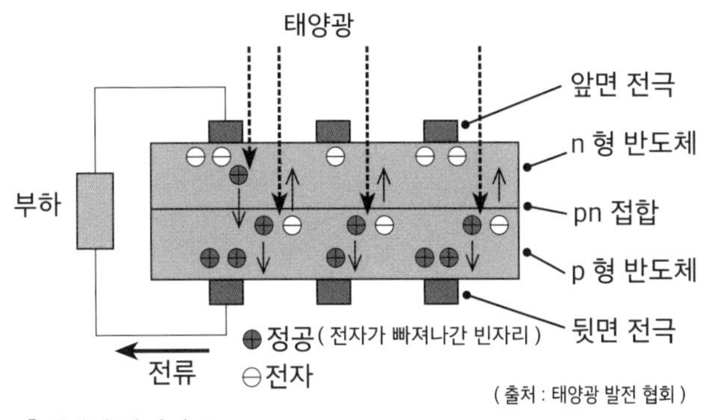

▌태양광 발전의 구조

태양빛을 비추는 한 에너지를 얻은 전자가 움직이고 전기가 발생한다. 나아가 조금 전 '플러스에서 마이너스로 전기가 흐른다'라고 했는데, '마이너스의 전하를 가진 전자가 마이너스에서 플러스로 이동하는 현상'이기 때문에 전자는 자연스럽게 원래로 돌아가 빙글빙글 계속 돌게 되는 구조다.

이처럼 태양광 발전으로 전기를 얻을 수 있는 것은 빛이 단순히 파동이 아니라 입자의 성질도 가지고 있는 양자이며, 전자를 나오게 할 수 있기 때문이다.

정리

- 태양광 발전은 '광전 효과'를 이용했다
- 광자가 부딪혀 전자를 나오게 하여 전기를 흐르게 한다

44 '원자핵의 주변을 전자가 돌고 있다'는 말은 틀렸다?

지금까지 빛은 파동과 입자의 양방의 성질을 가지고 있어 '양자'라는 개념이 생겨났다는 이야기를 했다. 그렇다면 이번에는 전자처럼 단순한 입자라고 생각됐던 미립자도 혹시 파동의 성질을 겸비한 양자가 아닌가 하는 생각이 나올 차례다. 역시나 우여곡절 끝에 전자와 같은 미립자도 파동처럼 행동한다는 것이 밝혀졌다.

우여곡절 부분은 생략하고 간략하게 살펴보자. 1924년에 처음으로 '전자도 파동이다'라고 주장한 사람은 물리학자인 루이 드 브로이(Louis de Broglie)다. 그는 '전자는 파동이며, 이런 파장의 파동을 가지고 있을 것이다'라고 계산식을 제시했다. 이 입자가 가진 파동의 성질은 '드 브로이파'라고 부르며 이후 실험으로 증명됐다.

▌전자의 파동으로서의 성질

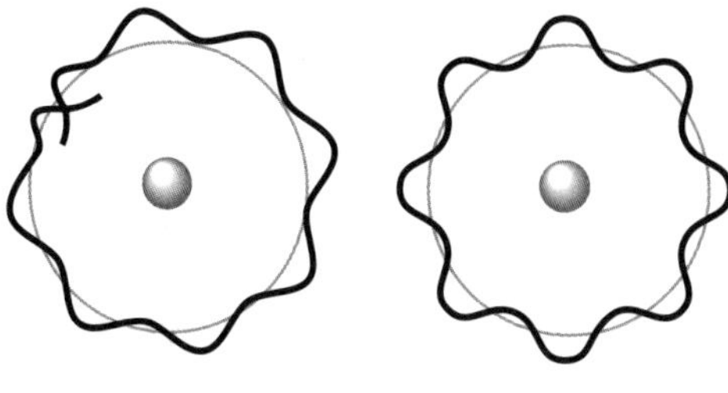

여기서 '전자도 파동이다'라고 하면 전자가 물결치는 모습을 떠올릴지도 모른다. 하지만 그렇지는 않다. 하나의 전자가 파동의 성질도 가진다는 의미다. 신기하게 느껴질지도 모르지만 그것이 양자의 세계다.

그렇다면 원자 중에서 전자는 어떻게 존재할까?

보통 원자핵 주변을 몇 개의 전자가 돌고 있는 이미지가 떠오를 것이다. 중고등학교 화학 시간 때 그렇게 배웠으니까.

하지만 그것은 양자론 이전의 원자 상이다. 잘 생각해보면 원자핵 주변을 전자가 돌고 있다는 것은 이상하다.

전자가 흔들리면 빛이 나오기 때문에 만약 전자가

▌원자의 실제 모습

우리에게 익숙한 원자의 이미지

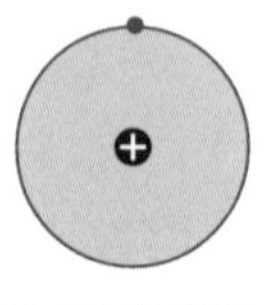

입자로서 위치는 결정되어 있다

원자의 실제 이미지

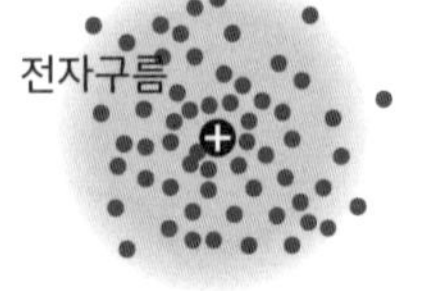

구름처럼 펼쳐져 있어 위치가 불확정하다

원자핵 주변을 돌고 있다면 빛을 계속 내게 된다. 이렇게 되면 바로 운동 에너지를 잃고 플러스 전하를 가진 양성자에 이끌려 원자핵과 합쳐질 것이다. 애초에 플러스인 원자핵과 마이너스인 전자가 나뉘어 존재하는 것 자체가 신기하다. 전하가 하나의 중성 입자여도 이상하지 않겠지만, 왠지 전자는 원자핵에 달라붙어 있지 않고 주변에 존재한다.

이런 상태가 가능한 이유는 전자가 양자이고 더는 작아지지 않는 최소의 에너지를 가졌으며 파동의 성질도 겸비했기 때문이다. 차례대로 설명해보자.

어떤 물체 주변을 다른 물체가 돌때 크게 돌기 위해서는 많은 에너지가 필요하다. 반대로 에너지를 작게 하면 그만큼 작게 돌게 된다. 에너지를 0으로 만들면 주변을 운동할 수 없게 되지만, 더는 에너지가 작아지지 않는 최소단위가 있다면 일정 기준 이상 작아지지 못한다. 그렇기 때문에 전자가 가질 수 있는 에너지의 최소단위(양자)가 있다면, 전자와 원자핵이 합쳐지는 일 없이 원자가 안정되게 존재할 수 있게 된다.

또한 전자가 원자핵 주변을 돌 때, 전자에는 파동의 성질이 있기 때문에 파동이 사라지지 않도록 한 주기 돌면(한 주기의 길이가 파장의 정수배가 될 때), 안정적으로 존재할 수 있다.

이런 부분에서 전자는 입자라고 생각했지만 입자와 파동, 양방의 성질을 모두 가지고 있고 에너지의 최소단위가 있는 '양자'라면 원자가 안정적으로 존재할 수 있다고 알게 됐다.

그리고 원자는 원자핵 주변을 구름처럼 펼쳐진 전자(전자구름)가 에워싸고 있다고 생각할 수 있게 됐다. 이 원자핵과 전자구름의 이미지가 현재도 옳다고 여겨지는 원자 상이다.

정리

- '원자핵의 주변을 전자가 돌고 있다'는 것은 양자 이론 전의 원자 상이다.
- 정확한 것은 원자핵 주변에는 전자구름이 펼쳐져 있다는 것이다.

45 '양자의 파동'이란 무엇인가?

전자도 입자이자 파동이다. 게다가 전자 하나하나가 파동의 성질을 가지고 있으며 원자 안에서는 구름처럼 펼쳐져 있다.

이것은 어떤 의미일까? 그 힌트가 되는 유명한 실험이 있다. 앞서 언급한 '이중 슬릿 실험'으로, 전자를 이용해 빛은 간섭을 일으키기 때문에 파동이라고 할 수 있다는 결론을 도출한 실험이다.

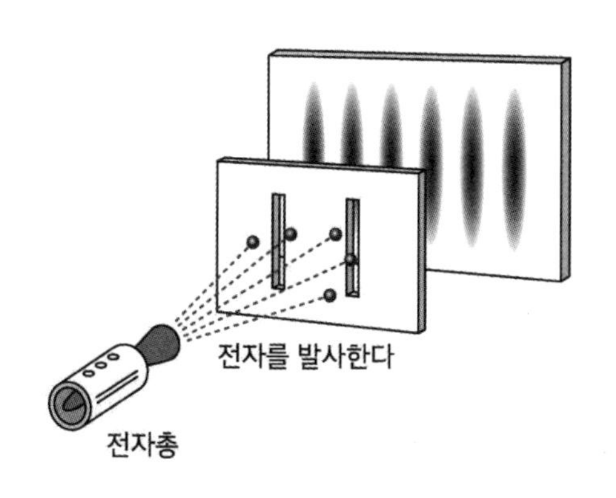

▍전자의 이중 슬릿 실험

전자를 비추어 두 개의 슬릿에 통과시킨 뒤, 뒤에 놓인 스크린에 부딪히게 한다. 전자가 우리가 알고 있는 입자라면 스크린에 두 개의 띠처럼 전자가 부딪힌 흔적이 기록될 것이다. 하지만 전자로 실험해도 빛의 실험과 마찬가지로 스크린에 간섭무늬가 나타났다.

게다가 전자를 하나씩 쏘면 스크린에는 뜨문뜨문 점처럼 흔적이 남았다. 처음에는 여기저기에 나타나 예측하기 힘들었지만 점상에 흔적을 남겼다. 그리고 몇 번이고 전자를 쏘자 부딪치기 쉬운 위치와 부딪치기 어려운 위치, 절대로 부딪치지 않은 위치가 보이면서 최종적으로 줄무늬가 생겨났다.

전자를 하나씩 쏘면 스크린에 점상으로 흔적이 남는다는 부분에서 전자는 입자와 같은 행동을 한다. 전자는 어디에 쏘든 우리가 관측하면 반드시 입자로 발견된다.

하지만 실험을 반복하면 간섭무늬가 나타난다는 점은 사라지거나 강해지거나 하는 파동의 성질을 가지면서 움직인다는 의미다. 전자가 입자이고 어딘가

한쪽의 슬릿을 통과했다면 간섭이라는 현상은 절대 일어나지 않는다.

간섭이 일어난다는 것은 하나하나의 전자가 오른쪽 슬릿과 왼쪽 슬릿 양쪽을 동시에 통과했다고밖에 할 수 없다. 달리 말하자면 오른쪽을 통과한 상태와 왼쪽을 통과한 상태가 동시에 발생한다는 것이다.

그렇다면 전자는 슬릿의 바로 앞에서 두 개로 나뉘는 것일까? 아니다. 슬릿에서는 하나의 점으로 관측되기 때문에 분열했다고는 생각할 수 없다.

더 신기한 것은 이 이중 슬릿 실험에서 좌우 어느 쪽의 슬릿을 통과했는지 확인하기 위해 슬릿 끝 부분에 관측 장치를 준비하고 전자가 나오는 길을 확인하자 슬릿 상에 간섭무늬가 나타나지 않았다는 것이다. 나오는 길을 보려고 하자 파동의 성질이 나타나지 않은 것이다.

신기한 이야기다. 보고 있지 않을 때는 파동처럼 이동하면서 떠다니는데, 관측하자 입자의 형태가 된 것이다. 보고 있지 않을 때는 오른쪽과 왼쪽을 통과하는 상태가 동시에 일어나는데, 관측하면 위치가 하나로 결정된다.

우리가 알고 있는 세계에서는 참으로 이해하기 힘든 현상이다. 어떻게 이런 현상이 발생하는지 밝혀내기 위해 많은 과학자들이 고심하던 중 막스 보른(Max Born)이라는 사람이 유력한 견해를 하나 제시했다.

보른은 양자의 파동이 실제로 존재하는 파동이 아니라 '확률의 파동'이라고 생각했다. 파동의 진동 폭이 큰 위치일수록 그곳에서 입자를 찾을 가능성은 커진다. 이런 확률의 파동이라고 해도 눈에 보이는 수면의 파동을 떠올려서는 안 된다.

이중 슬릿 실험은 확률이기 때문에 다음번 전자를 쏠 때에 어디에 부딪히는지는 알 수 없다. 물리적인 상황을 완전히 알고 있다고 해도 예측할 수 있는 것은 '확률의 범위 내에서 어떤 결과가 나오기 좋은가'라는 것뿐이다. 보른은 우리가 알지 못하는 것이 아니라 그것이 자연의 본질이라서 '반드시 그렇다'고는 원리적으로 말할 수 없다고 설명했다. 그것을 '확률

해석'이라고 한다.

앞서 언급한 원자 상으로 말하면 전자구름은 결코 전자의 입자가 구름처럼 얇게 퍼져가는 것이 아니라 전자가 존재할 확률을 나타낸다. 구름이 짙은 부분은 전자가 존재할 확률이 높고, 옅은 부분은 낮다. 그리고 관측하면 그 순간에 지금까지 확률이었던 것이 순식간에 현실이 되고, 입자로 모습을 드러낸다.

정리

- 양자는 보고 있지 않을 때는 일어날 모든 가능성이 동시에 일어난다.(중첩)
- 보고 있지 않을 때는 '확률 파동'으로 이동한다.

46 아인슈타인도 슈뢰딩거도 양자론을 받아들이지 않았다

전자뿐만 아니라 양자의 세계에서는 모든 물질이 보고 있지 않을 때 파동처럼 움직이고, 바라보는 순간에는 입자가 된다. 게다가 그 파동은 확률 파동이다.

과연 이해가 되는가? 아무래도 와 닿지 않은 사람이 많겠지만 안심하기 바란다. 보른이 양자역학의 확률해석을 발표한 당시, 첨단 연구를 하고 있던 물리학자들조차 '확률 파동'이라는 개념을 이해하지 못했다.

그 대표적인 인물이 '슈뢰딩거의 고양이'로 유명한 에르빈 슈뢰딩거(Erwin Schrodinger)다. 그는 드 브로이가 발표한 '전자도 파동으로서의 성질을 가지고 있으며 이런 속도로 움직이는 전자는 이런 파장의 파동을 가진다'라는 계산식을 한 단계, 두 단계 발전시켜 '파동이 따르는 방정식'을 명확하게 만들었다.

아무것도 없는 공간에서 전자는 평범한 파동처럼

움직이지만, 원자 속에는 원자핵이 있고 끌어당기는 힘을 받기 때문에 전자는 '움직이는 파동'이 아니라, 같은 곳에 머물러 진동하게 된다. 이때 전자가 어떤 힘을 받으면 어떤 방정식을 따르는지를 슈뢰딩거가 도출한 것이다.

이것을 '슈뢰딩거 방정식'이라고 부르며, 현재도 양자가 어떤 행동을 하는지 나타내는 양자역학의 방정식으로 사용된다. 하지만 지금도 사용되는 방정식을 만든 슈뢰딩거조차 '그 파동은 확률의 파동이다'라는 생각을 받아들이지 못해 실제로 존재하는 파동이라고 믿어 버렸다.

우라늄 같은 방사성 원소는 방치하면 원자핵이 빵 하고 분열하여 다른 원자가 된다. 이 현상은 양자역학을 따르기 때문에 언제 분열될지는 확률적으로밖에 알지 못한다. 여기서 한 시간 후에 원자핵이 분열할 확률을 2분의 1로 하고, 분열했다면 독약을 넣은 병이 깨지게 만드는 장치를 만든다. 그리고 밖에서는 안을 엿볼 수 없는 상자 속에 고양이와 함께 넣어두면 어떻게 될까 실험해보는 게 슈뢰딩거가 생각한 사고실험이다.

원자핵이 분열해 병이 깨져 독약이 흐르면 고양이는 죽고, 분열하지 않으면 고양이는 살 수 있다. 양자역학의 확률해석을 순수하게 받아들이면 원자핵이 분열한 상태와 분열하지 않은 상태가 각각 2분의 1의 확률로 겹치게 된다. 그리고 상자 속을 들여다본 순간에 어떻게 됐는지가 결정된다.

고양이가 죽어 있는 상태와 살아 있는 상태가 겹쳐 있다니 이상하다. 그렇기 때문에 양자역학은 틀렸다. 슈뢰딩거는 이렇게 주장했다. 양자역학의 방정식을 도출한 슈뢰딩거 자신이 최종적으로는 양자역학을 부정해버린 것이다.

또한 상대성 이론이라는 상식을 뒤집는 이론을 발견한 아인슈타인조차 이런 양자역학의 생각을 받아들이지 않았다고 한다. 무엇보다 물리 법칙에 확률이 들어간다는 것은 그의 미학에 반한 것이었다.

양자론 이전의 물리학에서는 충분한 정보만 있다면 결과를 완전히 예측할 수 있었다. 일어날 수 있는 미래는 하나밖에 없었다. 그런데 양자의 세계에서는 미래는 확률적으로만 예측할 수 있고, 관측한 순간에 여러 개 있던 가능성이 하나의 결론으로 결정된다. 게다가 그 결과 나오고, 다른 결과가 나오지 않은 이유는 알지 못한다.

아인슈타인은 '신은 주사위를 던지지 않는다'라며 양자역학을 인정하지 않았다고 한다. 확률이 나오는 것은 양자역학이 불완전하기 때문이고, 우리가 아직 알지 못하는 무언가가 있어서다. 실제로는 그는 미래가 결정되는 모호하지 않은 이론이 있을 것이라고 계속 주장하며, 새로운 이론을 찾으려했지만 결국엔 찾지 못했다.

아인슈타인이 세상을 떠난 후 '만약 확률이 아닌 것이 이 세계를 지배하고 있다면 이런 실험 결과가 나와야 한다'라는 이론을 부정하는 실험 결과가 나오면서 '세상은 확률에 의해 지배당하고 있다'라는 것이 확실시 되었다. 그리하여 이 세상에는 확률이라는 모호함이 있다는 것이 증명됐다.

정리

- 양자의 세계는 천재적인 물리학자도 이해할 수 없을 정도로 상식이 통용되지 않은 세계이다.

47 공도 벽을 통과한다?

입자의 성질과 파동의 성질을 모두 가지고 있고, 오른쪽을 통과한 상태와 왼쪽을 통과한 상태가 공존하며, 아무리 정보가 있어도 미래는 확률로만 예측할 수 있는 양자 세계의 신기한 일들은 작거나 가벼운 것일수록 강하게 나타나고 우리 눈에 보일 정도로 커다랗거나 무거운 것일수록 잘 나타나지 않는다.

예를 들어 두 개의 공을 상자 속에 넣어둔다고 하자. 우리가 상자 속을 확인하지 않아도 공이 상자 속 어딘가에 있다는 것은 당연하고, 공이 멋대로 상자 밖으로 나오는 경우는 없다. 이것은 공처럼 충분히 커다란 물체의 경우, 양자론의 효과는 적고 파동으로서의 성질이 매우 작기 때문이다.

파동은 멀리 퍼져가기 때문에 파동으로 이동하면 상자 속에 갇혀 있어야 하는 입자가 자연스럽게 밖으로 빠져나오는 경우가 있다. 이것을 '터널 효과'라고 한다. 미립자처럼 작은 것은 보고 있지 않은 틈에 불쑥 상자 밖으로 나가 버리는 일이 높은 확률로 일어난다.

원리적으로 말하면 공의 경우도 움직일 확률이 0%는 아니다. 모든 것은 원자와 미립자의 집합이기 때문에 약간은 파동으로서의 이동도 있다. 단, 그 파동으로서의 이동은 너무나도 작기 때문에 벽을 통과하여 상자에서 나올 확률은 한없이 0%에 가깝다. 공이 우주 태초부터 지금까지 내내 상자 안에 있었다고 해도 상자 밖으로 빠져나갈 확률은 낮기 때문에, 완전히 0%는 아니겠지만, 공이 상자 밖으로 나갈 일은 '일어나지 않는다'라고 생각해도 문제가 없다.

정리

- 작고 가벼운 것일수록 양자론의 효과가 나타나고, 크고 무거운 것일수록 양자론의 효과는 작다.
- 주변의 물체도 파동으로서의 움직임이 아예 없는 것은 아니지만, 거의 없음에 가깝다.

48 양자 컴퓨터가 등장하면 가상화폐는 사용할 수 없게 된다?

작고 가벼울수록 양자론의 효과가 크고, 크고 무거울수록 양자론의 효과는 작기 때문에 우리 주변에는 양자론의 효과가 대부분 나타나지 않는다. 그렇다면 양자의 신기한 움직임은 우리 생활에 아무런 영향도 미치지 않을까? 물론 그렇지 않다. 양자론을 응용한 기술은 이미 실용화되어 우리 생활을 바꾸고 있다.

예를 들어 양자 컴퓨터도 그중 하나다. 기존의 컴퓨터는 모든 정보를 '0' 또는 '1'이라는 두 개의 숫자로 변환했다. 이 '0' 또는 '1' 데이터의 기본단위를 '비트'라고 한다. 한편 양자 컴퓨터는, '0' 또는 '1' 외에 '0이기도 하고 1이기도 하다'라는 상태도 나타낼 수 있는 '양자 비트'를 사용해 계산을 처리한다.

여기서 사용하는 양자의 성질이 '중첩'이다. 관측하지 않을 때는 오른쪽을 통과하는 상태와 왼쪽을 통과하는 상태가 공존하고, 관측을 한 순간에 바로 장소가 결정된다는 시각이다. 양자 비트도 처리 도중에는 '0'이기도 하고 '1'이기도 한 상태이지만, 관측을 하면 '0' 혹은 '1'로 결정된다. 그래서 양자 컴퓨터는 기존의 컴퓨터와 비교하여 여러 가지 일을 병행하여 계산하는 능력이 뛰어나다.

그 예로 자주 꼽는 것이 소인수분해다. 소인수분해란 12라는 숫자를 '2×2×3'으로 분해하는 등, 자연수를 소수의 곱셈 형태로 나타내는 것이다. 12처럼 작은 숫자라면 간단하지만 커다란 숫자를 소인수분해하려고 하면 순식간에 어려워진다.

여러 가지 숫자로 순서대로 나눠, 나누어지는지 아닌지를 확인할 필요가 있는데, 일만 자리의 수를 소인수분해하려면 슈퍼컴퓨터조차도 1000억 년 이상이 걸린다고 하니 현실적으로 셈을 하기가 불가능하다. 하지만 병렬처리가 특기인 양자 컴퓨터라면 몇 시간 정도면 계산할 수 있다.

그렇게 되면 곤란한 것 중 하나가 암호화 기술이다. 데이터를 제삼자에게 노출하고 싶지 않을 때 암호화하여 내용을 전환하는데, 이 암호화에 자주 사용되는 것이 소인수분해다. 큰 자리의 소인수분해는 실질적으로 불가능하다는 것이 전제로 깔려 있기 때문에, 소인수분해를 잘하는 양자 컴퓨터가 등장하면 암호가 깨지게 된다.

고도의 암호화 기술에 의해 유지되고 있는 가상화폐도 양자 컴퓨터의 등장으로 사라지지 않을까 하는 우려도 있다. 이런 이유에서 가상화폐의 미래성은 양자 컴퓨터의 발전에 좌우된다고도 한다.

하지만 한편으로 '양자 암호'라는 연구 분야에서 양자 컴퓨터로도 깨지지 않을 암호화 기술을 연구하고 있다. 양자의 세계에서는 관측하면 반드시 영향을 받는다는 점을 응용하면, 만약 정보를 다른 사람이 수신했을 때 '관측했다'라는 흔적이 남게 만들 수 있다. 그리고 만약 암호를 풀었고 알게 되면 해제된 암호는 파기하고 새로운 암호를 걸어 깨지지 않았다고 보증된 암호만 사용한다면 보안은 훨씬 향상될 것이다.

그렇다면 양자 컴퓨터의 실용화에 대해 알아보자. 양자 컴퓨터에는 크게 두 종류가 있는데, 그중 하나가 '양자 게이트(Quantum Gate)'이다. 중첩 현상을 응용하여 소인수분해에 뛰어난 성능을 보여 암호화 기술의 위협이 되고 있다. 이 유형의 양자 컴퓨터 연구는 이전부터 진행됐지만 양자의 중첩 상태를 계속 유지하는 기술이 극히 어려워 아직 실현되지 않았다.

이미 실현되어 세상에서 쓰이고 있는 것은 '양자 어닐링(Quantum Annealing)'이다. 양자 게이트와는 전혀 다른 원리로 만들어졌으며, 양자의 터널효과를 응용했다. 양자 어닐링의 특징은 여러 가지 조합에서 조건에 맞는 최선의 조합을 능숙히 찾아내는 것이다. 예를 들어 '예산이나 인원이 한정되어 있을 때, 가장 좋은 퍼포먼스를 내기 위해서는?'이라거나 '어떤 길로 가야 목적지에 최단 시간에 도착할까' 등과 같은 우리에게 친숙한 문제들을 빠른 속도로 해결해준다.

정리

- 양자 컴퓨터에는 '중첩' 혹은 '터널 효과'가 사용된다.
- 가상화폐의 보안에 사용되는 소인수분해를 빠르게 처리하는 양자 컴퓨터는 아직 실현되지 않았고, 양자 암호 연구도 진행되고 있다.

49 양자의 움직임에 대한 세 가지 해석

양자론 그 자체의 이야기로 돌아가 보자. 양자가 어떻게 행동하는지를 나타내는 양자역학은 양자 하나를 파동으로 파악하여 그 파동의 움직임을 나타낸 '슈뢰딩거 방정식'으로 계산한다고 했다. 확실히 슈뢰딩거 방정식을 사용하면 실험을 진행하면 어떤 결과가 나올지를 정확히 알려준다. 그렇기 때문에 지금도 사용되고 있는데, 사실 양자의 움직임을 정확히 알려주는 방정식이 슈뢰딩거 방정식뿐만은 아니다.

슈뢰딩거 방정식이 발표된 것은 1926년으로, 그 일 년 전에 베르너 하이젠베르크(Werner Karl Heisenberg)라는 물리학자가 처음으로 양자역학의 방정식을 만들었다. 이 방정식은 파동과는 전혀 관계없는 식이었다.

그에게는 관측할 수 없는 것을 생각한들 아무런 의

미가 없었다. 그래서 그는 관측하여 확인할 수 있는 것만 다뤄 관측 가능한 양이 어떤 수치가 되는지를 생각하자는, 참으로 추상적인 생각으로 방정식을 만들어 냈다.

예를 들어 원자 속에 전자가 존재한다고 해도 그 궤도를 관측하여 확인하는 것은 불가능하다. 그렇기 때문에 '전자가 지금 어디에 있을까?'라는 질문은 전혀 의미가 없고, 해서는 안 된다. 한편 원자에 빛을 비추면 전자가 튀어나오므로 '어떤 빛을 비추면 어떤 전자가 어떤 에너지로 나오는 것일까'라는 질문은 해볼 수 있다. 이런 생각을 바탕으로 만든 것이 하이젠베르크의 방정식이다.

슈뢰딩거 방정식을 사용하고 있다는 점에서 하이젠베르크 방정식은 맞지 않는다고 생각할지도 모르지만, 그렇지는 않다. 두 방정식 모두 계산 결과가 같다. 단, 하이젠베르크 쪽은 너무나도 추상적이어서 계산 방법이 이상하게 어렵기 때문에 계산 방법이 더욱더 편한 슈뢰딩거 방정식 쪽이 주류가 됐다.

나아가 슈뢰딩거 방정식이 발표된 지 대략 20년 후, 리처드 파인만(Richard Feynman)이라는 물리학자가 '제3의 이해 방식도 있다'라고 하면서 새로운 방정식을 도출했다. 그는 오른쪽을 통과한 입자와 왼쪽을 통과한 입자의 경로를 수학적으로 모두 합하는 방법(경로 적분)으로 방정식을 도출했다. 이것도 슈뢰딩거 방정식이나 하이젠베르크 방정식으로 수학적으로는 항상 같은 결과가 나온다.

이 파인만의 계산법이 의미하는 것을 순수하게 받아들이면 오른쪽을 통과한 세계와 왼쪽을 통과한 세계가 일단 나뉘었다가 다시 합쳐지면서 간섭을 받는다는 것이다. 세계가 나뉘면서 동시 진행되는 상이다.

이처럼 양자역학에는 적어도 세 개의 계산 방법이 있다.

어떤 사람은 관측하지 않을 때 무엇이 발생할지 생각해서는 안 된되고 오직 관측할 수 있는 결과에만 주목하자고 말하며 방정식을 만들었고, 어떤 사람은 파동만을 생각하며 방정식을 만들었다. 또 어떤 사람은 세계가 분열되면서 서로 간섭을 받는다는 생각으로 방정식을 만들었다. 생각도 계산 방법도 3인 3색이지만, 신기한 것은 예측하는 결과가 모두 완전히 똑같다는 점이다.

도대체 어떤 것이 맞는지 물어보고 싶지만, 모두 맞기도 하고, 모두 맞지 않기도 하다. 즉, 수학적으로는 모두 맞겠지만, 양자의 세계에서는 우리 인간은 경험할 수 없는 것이 일어나고 있기 때문에 그것을 말로 표현하려고 해도 전혀 다른 표현이 나와 버리게 된다.

파인만은 '양자론을 정말로 이해하고 있는 사람은 아무도 없다. 만약 누군가가 양자론을 이해하고 있다고 말한다면, 그것이야말로 양자론을 모른다는 증거다'라고 했다.

자연계는 우리는 경험할 수 없는, 인간의 지혜를 뛰어넘는 무언가에 의해 지배되고 있다고밖에 할 수 없다. 이렇게 깨닫게 해주는 부분 역시 양자론의 깊이다.

정리

- 양자의 움직임을 나타내는 세 가지 방정식이 있다. '관측할 수 없는 것은 생각해서는 안 된다'라는 하이젠베르크의 방정식, 파동으로써 계산하는 슈뢰딩거의 방정식, 세계가 분열되면서 동시에 진행한다는 파인만의 방정식.
- 생각도 계산 방법도 다르지만, 모두 같은 결과를 도출한다.

50 무수의 평행우주가 존재한다?!

파인만의 '세계가 분열됐다가 합쳐져 간섭한다'라는 생각을 더욱 발전시켜, 관측할 때 차례차례 세계가 만들어진다는 시각도 있다. 이것을 '다세계 해석'이라고 한다. 다세계 해석의 뿌리는 당시 프린스턴 대학의 대학원생이었던 휴 에버렛(Hugh Everett) 3세가 생각해 낸 양자역학의 해석이다.

양자의 세계에서는 관측한 순간에 지금까지 파동처럼 행동한 것이 입자로 발견된다. 혹은 지금까지 확률이었던 것이 확정된 하나의 현실이 된다. 우리가 본다는 행위가 어떤 의미에서 결정적으로 그 세계의 모습을 바꿔버리게 만드는 이유다. 하지만 '왜 그런 일이 발생 하는가'는 밝혀지지 않았다.

여기서 에버렛은 갑자기 변화가 일어나는 것처럼 보이는 이유는 인간 쪽에 원인이 있다고 했다. 즉, 관측을 진행한 순간에 입자의 장소가 하나로 결정되는 것은 그 장소로 결정된 세계밖에 인간이 인식하지 못하는 것은 아닌가 하고 생각했다.

그렇다는 것은 다른 장소로 결정된 세계도 있으며 그 세계는 다른 인간이 확신했던 세계인 것이다. 즉, 있을 수 있는 관측 결과의 수만큼 각기 다른 결과를 보는 다른 세계의 관측자가 있다는 것이며 나아가서는 인간이 관측할 때마다 세계가 분열한다고도 해설할 수 있다. 이로 인해 '다세계 해석'이라고 불리게 된 것이다.

엉뚱한 생각처럼 느껴질지도 모르지만, 세계가 분열하고 있다고 생각하면 '관측한 순간에 왜 하나의 현실로 결정되는 것인가'라는 의문은 쉽게 이해할 수 있게 된다.

물리학자 사이에서 일반적으로 지지받는 견해는 아니지만 양자 컴퓨터 원리를 생각한 사람인 데이비드 도이치(David Deutsch)를 시작으로 다세계 해석의 열광적인 지지자는 일정 수 존재한다. 도이치에 의하면 양자 컴퓨터(양자 게이트 형)의 계산속도가 빠른 이유는 다세계를 사용하여 계산하기 때문이며,

양자 컴퓨터가 가능하면 다세계가 존재한다는 것을 증명하게 된다고 했다.

이 다세계 해석이 옳다면 순간순간 분열해 가기 때문에 세계는 무수하게 존재하게 된다. 평행우주가 무수하게 존재하게 되는 것이다.

지금 이 순간에도 다음의 한 문장에 무엇을 쓸지 고를 때 세계는 분열해가고, 이렇게 쓴 세계와 이렇게 쓰지 않은 세계로 나뉘어 이렇게 쓴 세계를 걷게 된 나는 이렇게 쓰지 않은 세계에 대한 것은 알지 못한다.

이렇게 생각하면 분열하여 무한으로 생겨나는 각각의 세계에 무한의 내가 있게 된다. 같은 것을 생각하는 나도 있고, 조금 다른 것을 생각하는 나도 있고, 외양이 완전 같은 나도 있으면서도, 전혀 다른 나도 있고, 머리카락이 없는 나도 있고…. 그러데이션처럼 조금씩 다른 내가 연속적으로 존재하게 된다.

모든 가능성이 각각의 세계에서 전부 실현되기 때문에 이 세계에서는 이루어지지 못한 꿈이 이루어진 세계도 있을 것이다. 반대로 말도 안 되는 내가 돼버린 세계도 있을지 모른다.

단, 일단 세계가 나뉘면 다른 세계와 접점을 가질 수 없다고 한다. 왜냐하면 다세계 해석이 옳다면 무수의 우주가 존재할 것인데 전혀 관측되지 않았기 때문이다.

그렇게 되면 아무리 노력해도 관측하는 것은 불가능하고 그 존재를 증명할 수도 없다. 하지만 그렇다고 해도 무수의 우주에 무수의 자신이 있을 가능성을 부정하는 것은 아니다.

정리

- 관측한 순간에 세계가 분열되고, 하나의 선택지로 결정된 세계만 인식할 수 있게 된다.
- 이 다세계 해석이 옳다면 무수히 많은 평행우주가 존재하고 각각의 세계에서 수없이 많은 내가 각각 다른 인생을 산다.

51 우주의 시작도 양자론으로 설명할 수 있다

우주의 시작이라고 하면 '빅뱅'을 연상하는 사람이 많다. 우주 초기는 뜨거운 불덩어리와 같은 상태에서 시작됐다는 것이 빅뱅이다. 이것은 거의 사실이라고 밝혀졌다. 그렇다면 어떻게 뜨거운 우주가 만들어졌을까? 그것을 설명하는 한 가지 방법이 '인플레이션'이다.

인플레이션이란 팽창이라는 의미로, 우주론에서는 우주의 시작에 가까운 시절 급팽창하여 우주가 크게 부풀러 오른 것을 나타낸다. 인플레이션(급팽창)이 일어난 뒤에 빅뱅이라고 불리는 뜨거운 불덩이와 같은 우주가 만들어졌다.

단, 인플레이션이 실제로 일어났는지 아닌지는 아직 밝혀지지 않았다. 그것을 밝히는 열쇠가 '중력파'다. 중력파란 시공의 왜곡이 광속으로 전달되는 것으로 아인슈타인의 일반 상대성 이론으로 그 존재를 예측하여 2015년에 처음으로 찾았다(발견된 것은 2016년).

인플레이션이 일어나 우주가 급팽창했다면 중력파가 만들어 졌을 것이라고 생각하고 있다. 나아가 중력파는 대부분의 물체를 빠져나가게 해, 물질이 있고 없음에 상관없이 공간을 전달한다. 그로 인해 인플레이션이 옳다면 인플레이션이 한창 일어날 때 만들어진 중력파가 발견될 것이고, 이것으로 인플레이션을 증명할 수 있게 된다.

서론이 길었지만 인플레이션이 맞다고 알게 된다고 해도 인플레이션이 진정한 시작은 아니다. 우주의 진짜 시작은 시공간이 만들어졌을 때다. 아무것도 없던 곳에서 시공이 생기고, 우주가 탄생했다고 생각하지만, 도대체 어떻게 생성됐을까는 궁극의 수수께끼다.

그 수수께끼를 해명할 이론으로 주목하는 것이 양자론이다. 양자의 신기한 행동 중 하나인 '터널 효과'를 기억하고 있을지도 모른다. 상자 속에 작은 입자를 가둬두면 평범하게 생각하면 상자에서 나오지 않을 텐데, 파동처럼 행동하기 때문에 상자 밖으로 휙 나오는 경우도 있다는 현상이다. 터널을 뚫고 밖으로 나오는 것처럼 보이기 때문에 터널 효과라고 부른다.

이 현상을 밖에서 보면 마치 아무것도 없는 곳에서 입자가 툭 생겨나는 것 같다. 그것과 마찬가지 원리로 우주도 아무 것도 없는 곳에서 시공간이 생기지 않았을까 하는 설이 있다. 그것을 주장한 사람은 유명한 스티븐 호킹(Stephen Hawking)으로, '무(無)에서 우주 창생'이라고 한다.

단, 어디까지나 가설이며 확립된 이론은 없다. 무에서 우주 창생을 주장한 것은 1980년대에서 1990년에 걸쳐서이며 이후 30년이나 시간이 지났지만 아직도 확립되지 않은 이유는 양자론과 일반 상대성 이론이 상충하기 때문이다.

양자론은 미시 세계를 설명하는 이론이지만, 미시 세계일수록 양자론의 효과가 크게 나타난다는 이야기로 보편적인 이론이다. 우리 주변의 현상에 다 적용할 수 있다. 단, 우리의 주변 현상이라면 뉴턴 역학도 거의 정확하게 성립하기 때문에 양자론을 꺼내올 필요조차 없다. 일반 상대성 이론도 마찬가지로 중력이 크게 작용하는 장소일수록, 미시 세계일수록 효과는 크고 우리 주변에서 일어나는 일도 잘 설명해준다.

단, 양자론과 일반 상대성 이론의 상성이 나쁘다. 우주의 시작은 시공이 생성됐을 때지만 시간과 공간은 일반 상대성 이론으로 설명되고 있다. 하지만 양자론으로 일반 상대성 이론을 다루지 않기 때문에 시공이 양자론적으로 나온 것은 아닐까라는 이야기도 '가능성이 있다'라고 할 뿐이고, 맞는지 아닌지는 아직 제대로 밝혀지지 않았다.

'우주가 어떻게 시작됐는가'도 궁극의 수수께끼이지만, 양자론과 일반 상대성 이론을 융합하여 이 세상의 모든 현상을 하나의 이론으로 설명할 수 있게 되는 것도 물리학자가 원하는 궁극의 목표다.

정리

- 우주의 시작은 양자론의 터널효과가 작용하여 아무 것도 없는 곳에서 시공간이 톡 하고 생겨난 것은 아닐까 하고 생각하고 있다.
- 양자론과 상대성 이론이 상충되기 때문에 증명하기가 어렵다.

맺음말 ㅡ 우주는 인간이 태어날 수 있도록 되어 있다?

물리학은 모든 것의 뿌리가 되는 기본적인 원리를 찾아내 세상에서 일어나는 현상을 설명하는 학문이다. 이렇게 근본에서 근본을 추구한 끝에는 '실험 결과가 이렇게 나왔기 때문에'라고 밖에 할 수 없는 룰에 당면하게 된다.

예를 들어 중력의 세기는 매우 약하지만 '왜 이런 세기일까'에 이유는 없다. 빛의 속도 역시 마찬가지다. 빛의 속도는 언제나 일정하게 초속 30만 킬로미터이지만, 왜 그 수치인지는 모른다. 전자의 무게나 전하의 세기도 마찬가지다. 세상에는 다양한 것이 이유는 없지만 어떤 특정한 수치로 결정되어 있다.

만약 전자의 전하가 지금과 조금이라도 다른 수치였다면 어떻게 됐을까? 우선 지금보다도 강했다면 원자는 더욱더 작게 존재했을 것이고, 조금이라도 약했다면 원자는 조금 크게 존재했을 것이다. 이렇게 되면 인간의 외형도 몸의 움직임도 지금과는 상당히 다르게 된다. 애초에 전자의 전하가 지금보다도 강하거나 약했다면, 제대로 별이 진화하지 못하고 우주는 지금과는 상당히 다른 모습이라 인간이 태어나지 못했을지도 모른다.

우주는 '이렇게 되어 있기 때문에'라고 밖에 말할 수 없는 여러 가지 수치가 절묘한 밸런스로 맞춰져 있다.

평범하게 우주가 이런 법칙이기 때문에 이것에 적응하는 형태로 생명이 진화하고 인간이 태어났다고 생각할지도 모른다. 하지만 그렇지 않고 '인간이 생겨났다'라는 조건을 만족시키는 쪽으로 우주가 만들어지지 않았을까 하고 의견을 낸 브랜던 카터(Brandon Carter)라는 물리학자가 있다. 이런 생각을 '인간 원리'라고 한다.

인간 원리에는 크게 두 종류가 있다. 하나는 이미 언급한 '우주는 인간이 태어날 수 있게 만들어졌다'

라는 원리로 '강한 인간 원리'라고 부른다.

다른 하나는 '약한 인간 원리'이며, 약간 소프트한 인간 원리다. 우주의 연령은 대략 138억 년이지만, 100억 년 전후가 아니라면 아마 인간은 존재하지 않았을 것이다. 우주 초기에는 수소와 헬륨 이외의 원소는 존재하지 않았고, 설령 그곳에서 행성이 만들어졌어도 수소와 헬륨밖에 없는 환경에서는 우선 생명이 태어나지 못한다. 인간이 태어나 살아가기 위해서는 탄소와 산소를 비롯한 다양한 원소가 필요하다.

우주가 생성되고 처음으로 만들어진 별 중에서 탄소나 산소가 생성된 별이 있고, 그 별이 폭발하여 탄소와 산소가 우주 공간에 흩뿌려지고 그것이 다시 모여 태양이 생성되고, 그 주변에 행성이 생성되고 나서야 탄소나 산소, 철이라는 다양한 원소에 둘러싸여 생명이 살 수 있는 환경이 됐다. 그렇기 때문에 적어도 일 회는 별이 생성되고, 별이 폭발하여 우주 공간에 흩뿌려진 다양한 원소를 바탕으로 태양계와 지구가 생성된 것을 기다리지 않았다면 인간이 태어날 수 있는 환경이 만들어지지 못했을 것이다.

이 과정에는 대략 100억 년의 세월이 필요하다. 단, 100억 년을 크게 넘기면 이번에는 별이 빛나기 위한 연료 — 별은 수소의 핵융합으로 빛난다 — 가 없어지고, 태양과 같은 별이 완전히 타버려, 태양을 대신할 새로운 별도 만들 수 없게 된다. 이렇게 되면 태양의 은혜를 받는 지구도 생명 활동이 가능한 환경이 아니게 된다. 태양은 앞으로 50억 년 정도밖에 빛나지 못한다고 하는데, 그 후에 만들어질 별도 수 백억 년이 지나면 밝게 빛나지 못하게 된다.

그렇다는 것은 100억 년을 크게 넘겨도, 혹은 크게 밑돌아도 인간은 태어나지 못했다. 이 우주의 연령이 138억 년인 이유도 100억 년 전후가 아니라면 인간이 태어나 살아가지 못했기 때문일 것이다.

이런 생각을 '약한 인간 원리'라고 한다. 약한 인간 원리는 꽤나 상식적이어서 의문을 품을 여지가 없다. 하지만 반대로 '강한 인간 원리'는 과학적으로 맞는지 아닌지 커다란 논의를 부르고 있다.

'인간의 존재를 자연현상 설명에 사용하다니 무엄

하다'라는 것이 얼마 전까지 대부분의 과학자들이 보인 공통된 반응이다. 하지만 보는 사람에 따라 시간과 공간이 다르다는 상대성 이론, 인간이 관측하면 파동처럼 모호한 존재였던 것이 입자라는 확실한 존재로 바뀐다는 양자론을 다시 생각해보면 '관측자=인간'의 존재를 무시하고 세계를 생각하는 것은 불가능하다.

양자론의 다세계 해석을 떠올려보자. 만약 우주가 많이 존재한다면, 강한 인간 원리도 이상하지는 않다. 우주가 만들어졌을 때부터 점점 분열해가 무수의 우주가 있다고 하면, 대부분의 우주가 인간이 살기 힘든 환경이었더라도 그중의 하나인 이 우주가 인간이 태어날 수 있도록 다양한 수치가 세부 조정되었다고 생각하는 것도 이상하지 않다.

조금 나아가면 '인간이 우주를 관측했기 때문에 이 우주가 존재할 수 있게 됐다'라는 생각까지 나오게 된다. 이런 주장을 한 존 휠러(John Wheeler)는 상대성 이론과 양자론으로 대단한 업적을 올린 유명한 물리학자다. 블랙홀의 이름을 붙인 아버지로도 이름이 알려졌다.

휠러는 물체를 관측하고 인식하는 것 자체가 이 세계 전체를 만들고 있다고 했다. 즉, 뇌로 들어오는 정보 자체가 세계의 본질이라고 생각했다. 이렇게 되면 인간을 시작 비롯하여 지능을 가진 생명체가 있는 것 자체가 이 우주의 본질이 된다.

그의 생각이 옳다면 한 명 한 명 혹은 한 마리 한 마리 별로 다른 세계가 있을지도 모른다. 나에게는 나의 세계가 있고, 당신에게는 당신의 세계가 있고, 어떤 개에게는 어떤 개의 세계가, 고양이에게는 이 고양이만의 세계가 있을지도 모른다.

미묘하면서 꿈이 부풀어 오르는 이야기다.

뉴턴 이후의 물리학은 세상의 구조의 세상에서 일어나는 다양한 현상을 설명해왔다. 하지만 어떻게 우주가 생성됐는가, 우주는 하나인가, 우리의 눈에는 보이지 않는 미시 세계에서는 실제로 무슨 일이 일어나고 있는가, 세상의 모든 현상을 설명하는 유일의 법칙은 있는가 등 아직 결론이 나지 않는 것들이 많다.

이런 미지의 세계를 생각해보는 것은 꽤 재미있다. 이 책이 그런 계기가 되길 바란다.

물리학으로 풀어보는 세계의 구조

초판 1쇄 발행 2019년 8월 25일

지은이 마쓰바라 다카히코
옮긴이 한진아
발행인 안유석
출판본부장 이승순
편 집 서정욱
표지디자인 김경미
펴낸곳 처음북스, 처음북스는 (주)처음네트웍스의 임프린트입니다.

출판등록 2011년 1월 12일 제 2011-000009호
전화 070-7018-8812
팩스 02-6280-3032
이메일 cheombooks@cheom.net
홈페이지 cheombooks.net 페이스북 /cheombooks
트위터 @cheombooks

ISBN 979-11-7022-192-0 03400